もくじ

取り外してお使いください **赤シート＋直前チェックBOOK,別冊解答**

【写真提供】
コーベット・フォトエージェンシー

※全国の定期テストの標準的な出題範囲を示しています。学校の学習進度とあわない場合は,「あなたの学校の出題範囲」欄に出題範囲を書きこんでお使いください。

Step 1 基本チェック 1章 生物の体をつくるもの

赤シートを使って答えよう！

❶ 生物の体の成り立ち

▶ 教 p. 5 -11

□ 植物や動物の体は，たくさんの［ 細胞（さいぼう） ］でできている。

□ 体が 1 つの細胞からできている生物を［ 単細胞生物（たんさいぼうせいぶつ） ］といい，体が多くの細胞で体ができている生物を［ 多細胞生物（たさいぼうせいぶつ） ］という。

□ 形やはたらきが同じ細胞の集まりを［ 組織（そしき） ］という。いくつかの組織が集まって，まとまったはたらきをするものを［ 器官（きかん） ］という。さらに，いくつかの器官が集まって［ 個体（こたい） ］がつくられる。

❷ 細胞のつくり

▶ 教 p.12-15

□ 植物や動物の細胞には，染色液（せんしょくえき）でよく染（そ）まる［ 核（かく） ］があり，核のまわりに［ 細胞質（さいぼうしつ） ］がある。細胞質のいちばん外側は［ 細胞膜（さいぼうまく） ］で囲まれている。

□ 植物の細胞には，細胞膜の外側に［ 細胞壁（さいぼうへき） ］があり，緑色の粒（つぶ）の［ 葉緑体（ようりょくたい） ］や，成長した細胞では発達した［ 液胞（えきほう） ］が見られる。

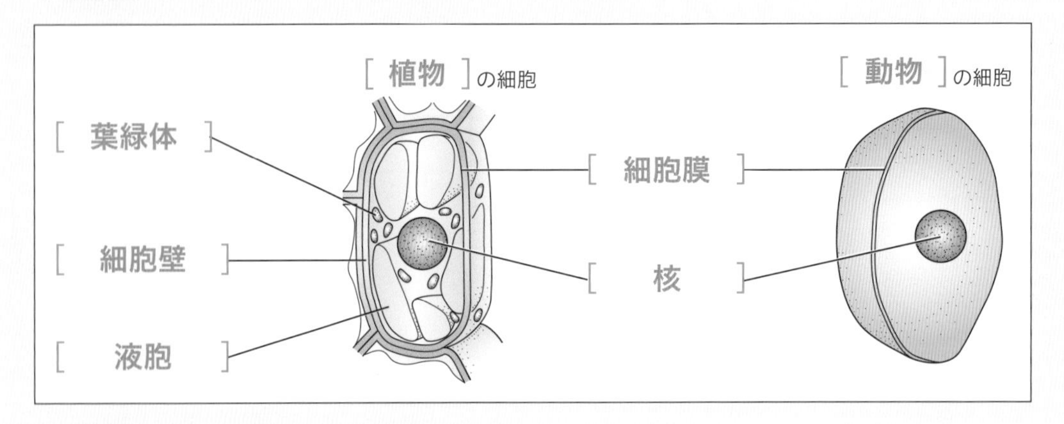

□ 細胞のつくり

❸ 細胞のはたらき

▶ 教 p.16-17

□ 生物の細胞が，［ 酸素 ］を使って栄養分を分解してエネルギーをとり出すことを［ 細胞呼吸（さいぼうこきゅう） ］という。

動物と植物の細胞の，共通したつくりとちがっているつくりをまとめておこう。

Step 2 予想問題 1章 生物の体をつくるもの

20分
(1ページ10分)

【顕微鏡の使い方】

❶ 顕微鏡の操作について，次の問いに答えなさい。

□ ❶ 細胞を観察するために，顕微鏡の倍率を600倍にしたい。接眼レンズを15倍のものを使用したとき，対物レンズは何倍のものを使えばよいか。

（　　　倍）

□ ❷ 対物レンズを交換したとき，対物レンズとプレパラートとの距離が変化した。倍率を上げたとき，この距離はどうなるか。

（　　　　　　　）

□ ❸ 倍率を上げたとき，視野と明るさはどうなるか。

視野（　　　　）　明るさ（　　　　）

【植物や動物の細胞】

❷ 次のスケッチは，植物や動物の体やその一部を顕微鏡で見たものである。下の問いに答えなさい。

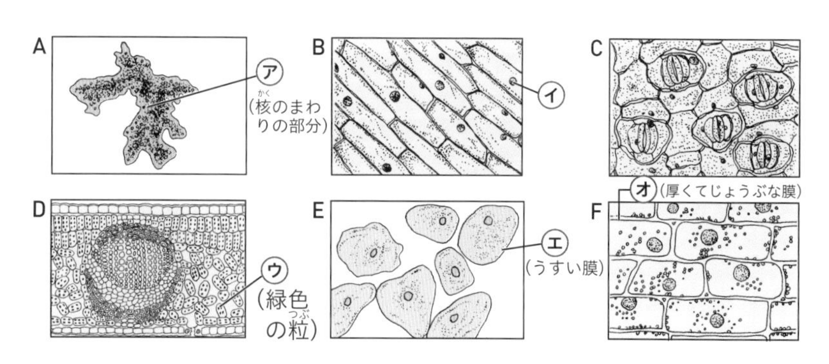

□ ❶ 図A～Fから，タマネギの表皮の細胞と，ヒトのほおの内側の細胞を選び，記号で答えなさい。　タマネギ（　　）　ヒト（　　）

□ ❷ 図中の㋐～㋔がさしている細胞のつくりの名称を答えなさい。

㋐（　　　　）　㋑（　　　　）

㋒（　　　　）　㋓（　　　　）　㋔（　　　　）

□ ❸ 図中の㋐～㋔の中で，植物の細胞のみに見られるものをすべて選び，記号で答えなさい。（　　　　）

□ ❹ 細胞の一部を染色液で染めると観察しやすくなる。このとき使う青紫色の染色液の名称と，染色液で染まる部分を㋐～㋔から選びなさい。

染色液（　　　　　　　）　記号（　　）

細胞の核と細胞壁（さいぼうへき）以外の部分をまとめて細胞質（さいぼうしつ）というよ。

ヒント ❶❶顕微鏡の倍率＝接眼レンズの倍率×対物レンズの倍率である。

ミスに注意 ❶❷対物レンズは，倍率が大きいもののほうが長い。

【植物の細胞】

❸ 図は，細胞を模式的にかいたものである。この図を見て，次の問いに答えなさい。

□ ❶ A～Eの名称を答えなさい。

A（　　　　）
B（　　　　）
C（　　　　）
D（　　　　）
E（　　　　）

□ ❷ 次の①～③の内容と関係が深いものを，それぞれ図のA～Eから選び，記号で答えなさい。

① 酢酸カーミン溶液で染色すると，赤く染まる。（　　）
② 細胞を保護し，植物の体の形を保つ。（　　）
③ 細胞の活動でできた物質がとけている。（　　）

□ ❸ この図の細胞は，動物と植物のどちらか。（　　　　）

□ ❹ ❸の答えの根拠となるものを，図のEを除くA～Dから2つ選び，記号で答えなさい。（　　　　）

【生物の体をつくる細胞】

❹ 生物の体をつくる細胞について，次の問いに答えなさい。

㋐ タマネギ	㋑ ミカヅキモ	㋒ ミジンコ	㋓ カエル
㋔ オオカナダモ	㋕ アメーバ	㋖ ケイソウ	

□ ❶ [　　]の生物のうち，1つの細胞だけで体ができている生物をすべて選び，記号で答えなさい。（　　　　）

□ ❷ ❶の生物を何というか。（　　　　）

□ ❸ ❷の生物に対して，多くの細胞で体がつくられている生物を何というか。

（　　　　）

□ ❹ ❸の生物で，たくさんの組織が集まってできたものを何というか。

（　　　　）

□ ❺ 生物が生きて活動するために，細胞が酸素を使って栄養分を分解し，エネルギーをとり出すはたらきを何というか。（　　　　）

ミスに注意　❸❹「Eを除く」とあるので，E以外から選ぶ。

[解答▶p.1]

Step 1 基本チェック

2章 植物の体のつくりとはたらき(1)

赤シートを使って答えよう！

❶ 栄養分をつくる

▶ 教 p.19-23

□ 植物が日光を受けてデンプンなどの栄養分をつくるはたらきを［光合成（こうごうせい）］という。

□ 植物の葉は，多くの日光を受け，多くの栄養分をつくり出すために，［重なり合わない］ようについている。

□ 光合成は，細胞（さいぼう）の中の［葉緑体（ようりょくたい）］で行われる。

□ 光合成は，光のエネルギーを利用して，水と［二酸化炭素］からデンプン（栄養分）をつくり出すはたらきで，このとき［酸素］も発生する。

□ デンプンは，水に［とけやすい］物質に変わって，植物の体全体へ運ばれ，成長のために使われたり，再びデンプンに変わって［果実］や種子，根や［茎（くき）］などにたくわえられる。

□ ヒマワリの葉のつき方

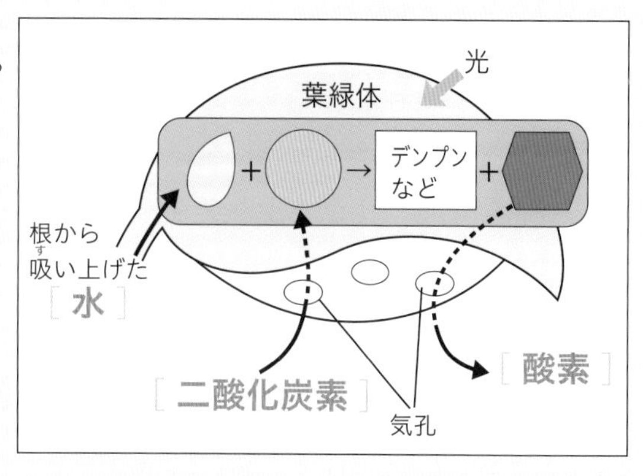

□ 光合成のしくみ

❷ 植物の呼吸

▶ 教 p.24

□ 植物に光が当たると，［光合成］と呼吸（こきゅう）が同時に行われるが，昼は，光合成によって出入りする［気体］の量のほうが多いので，光合成だけが行われているように見える。（実際は，両方が行われている。）

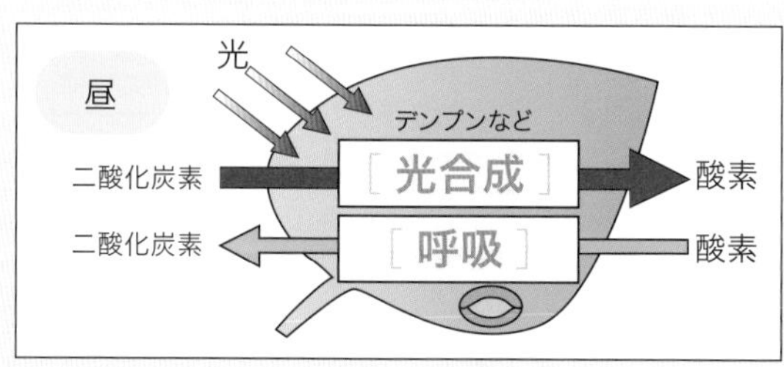

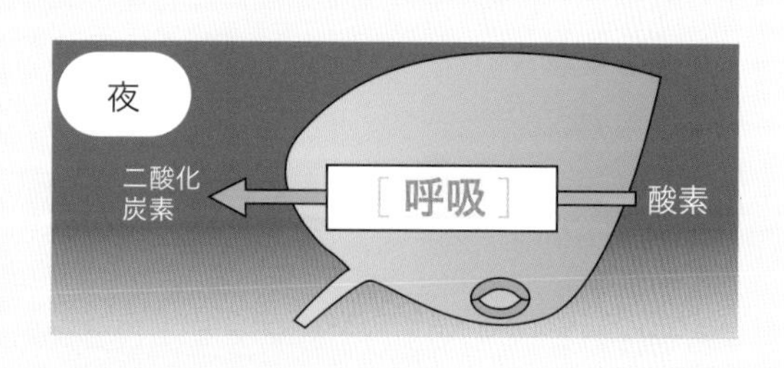

□ 昼と夜における呼吸と光合成

光合成は昼，呼吸は昼も夜も行われていることに注意。

Step 2 予想問題 2章 生物の体のつくりとはたらき(1)

20分
(1ページ10分)

【光合成】

❶ 図1のように，実験の前日にアサガオの葉の一部をアルミニウムはくでおおい，翌日この葉に日光を当てた。次に，図2のようにして，デンプンの有無を調べた。これについて，次の問いに答えなさい。

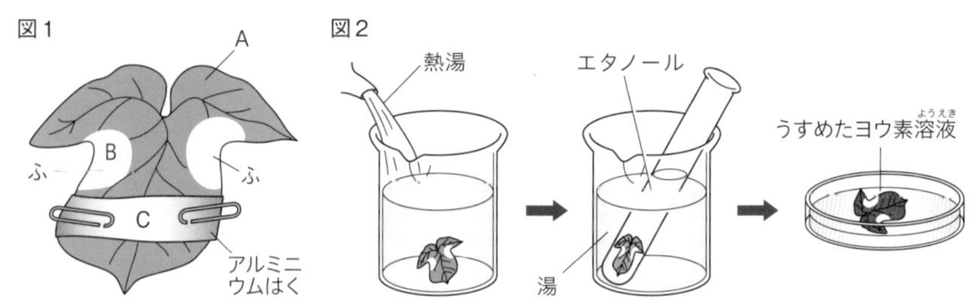

□ ❶ 白色のふの部分の細胞にないものは何か。（　　　　）

□ ❷ 図2で，あたためたエタノールに入れるのはなぜか。簡単に答えなさい。
（　　　　　　　　　　　　　　）

□ ❸ 図2で，葉にデンプンがあると何色になるか。（　　　　）

□ ❹ 図1の葉で，デンプンがあることがわかったのは，A～Cのどこか。記号で答えなさい。（　　）

【光合成と二酸化炭素】

❷ 図のように，葉を入れた試験管Aと，何も入れない試験管Bを用意し，それぞれに息をふきこんでゴム栓をし，日光に当てた。これについて，次の問いに答えなさい。

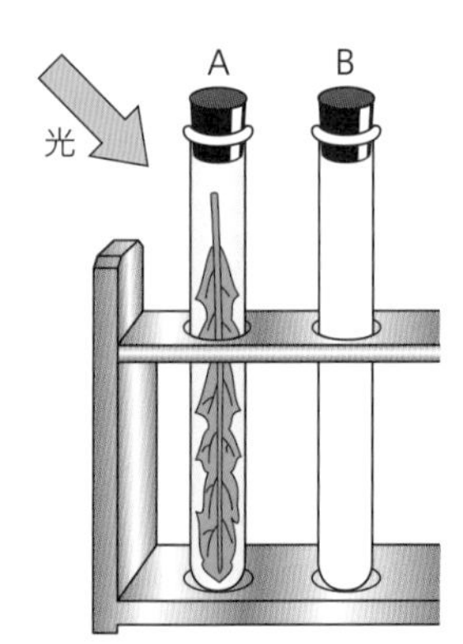

□ ❶ 30分後，それぞれの試験管に石灰水を少し入れ，ゴム栓をしてよく振った。このとき，試験管Aと試験管Bに入れた石灰水の色の変化を答えなさい。

A（　　　　　　　）　B（　　　　　　　）

□ ❷ ❶の結果から，光合成を行うとき，何が吸収されるといえるか。
（　　　　）

□ ❸ 試験管Bのように，比較するものを用意して行う実験を，何実験というか。（　　　　）

ヒント ❶❷「なぜか」と問われているので，「～ため」と答える。

ミスに注意 ❷❸葉以外の条件を同じにすることで，実験の結果の原因が葉であることがわかる。

[解答▶p.1]

【光合成と気体の変化】

❸ 図のように，鉢(はち)植えの植物にポリエチレンの袋(ふくろ)をかぶせ，
□ 光合成を行わせて，酸素と二酸化炭素のそれぞれの割合(わりあい)を気体検知管を用いて調べた。表はその結果をまとめたものである。1時間後の割合はどうなっていると予想できるか。次の㋐～㋔から，酸素と二酸化炭素のそれぞれについて記号を選びなさい。

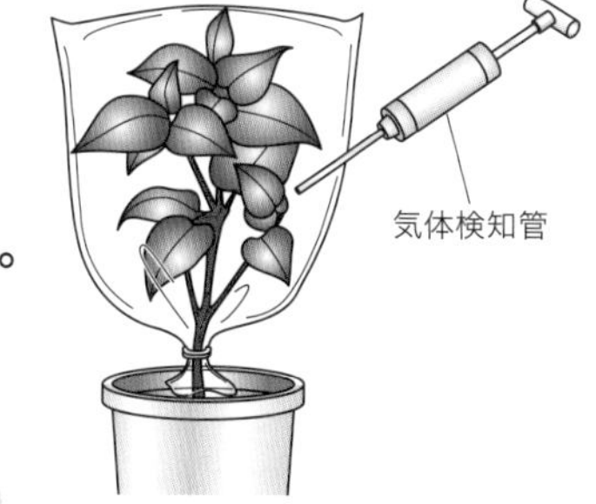

① 酸素（　　　）　② 二酸化炭素（　　　）

㋐ 3％　㋑ 6％　㋒ 9％　㋓ 15％　㋔ 18％

時　間	酸素の割　合	二酸化炭素の割合
はじめ	16.0 %	4.5 %
1時間後	①	②

【光合成のしくみ】

❹ 図は，光合成のはたらきを模式的(もしきてき)に示したものである。これについて，次の問いに答えなさい。

□ ❶ 根からとり入れられる物質ⓐは何か。（　　　）

□ ❷ ⓑとⓒにあてはまる物質名を答えなさい。

ⓑ（　　　）　ⓒ（　　　）

□ ❸ 光合成に必要なⓓは，何を表しているか。（　　　）

【植物の呼吸(こきゅう)】

❺ 若い葉を入れたペットボトルAと，空気だけを入れたペットボトルBを用意し，暗いところに一晩置いた。その2つのペットボトルの中の空気をそれぞれ石灰水に通して変化を調べた。

動物と同じように，植物も呼吸しているよ。

□ ❶ それぞれの石灰水の変化について，簡単に答えなさい。

A（　　　　　）　B（　　　　　）

□ ❷ ❶の結果から，どのようなことがわかるか。簡単に答えなさい。

（　　　　　　　　　　　　）

ヒント ❹❷❸水と二酸化炭素からデンプンなどの栄養分をつくり出すのが光合成である。

ミスに注意 ❺❷植物のはたらきについて答えること。

［解答▶p.1］

Step 1 基本チェック

2章 植物の体のつくりとはたらき(2)

10分

■ 赤シートを使って答えよう！

❸ 水や栄養分を運ぶ

▶ 教 p.25-31

□ 根には［主根］と［側根］からなる双子葉類と，［ひげ根］からなる単子葉類がある。

□ 根の先端近くにある小さな毛のような［根毛］は，根が土とふれる［面積］を大きくして，土中の水や養分を吸収しやすくしている。

□ 根から吸収した水や養分などが通る管を［道管］という。

□ 葉でつくられた栄養分が運ばれる管を［師管］という。

□ 数本の道管と師管が集まってつくっている束を［維管束］という。

［根毛］

水など

水など

［師管］［道管］

□ 根のつくり

□ 葉や根，茎などは，たくさんの小さな部屋のような［細胞］からできている。

□ 葉の内部の細胞の中には，緑色の粒である［葉緑体］が見られる。

□ 葉の表皮には，三日月形の細胞（孔辺細胞）に囲まれた［気孔］というすきまが見られる。

□ 根から吸い上げられた水は，植物の体の表面から水蒸気として出ていく。これを［蒸散］という。

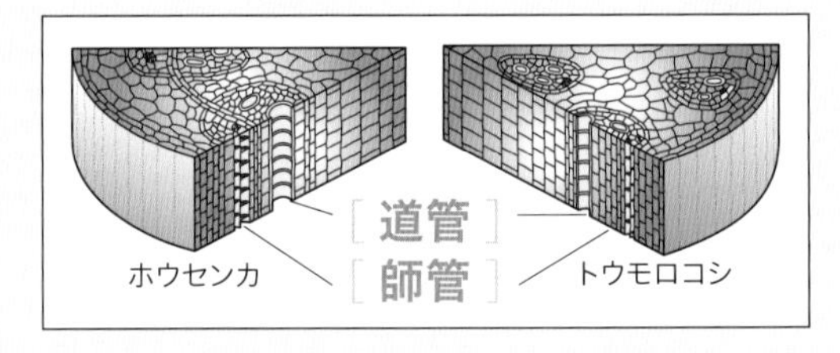

□ 茎のつくり

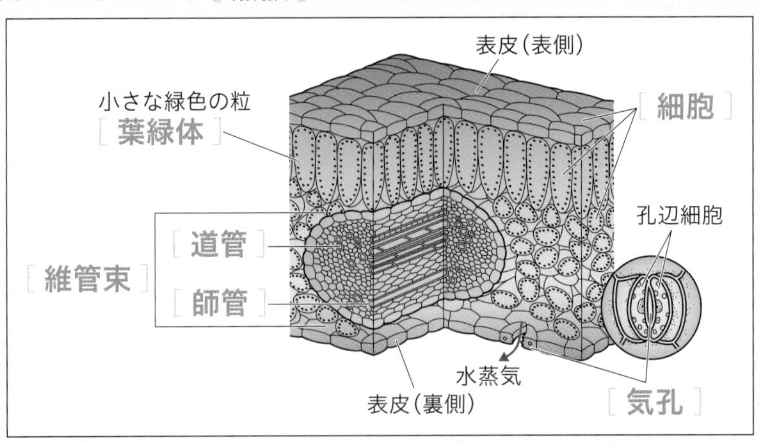

□ 葉のつくり

テストに出る

道管と師管の名前と位置，蒸散量を求める問題はよく出る。

Step 2 予想問題 2章 植物の体のつくりとはたらき(2)

20分
(1ページ10分)

【茎(くき)や根の観察】

❶ 図1のように，食紅(しょくべに)で着色した水にホウセンカをさした後，茎を輪切りにして顕微鏡(けんびきょう)で観察し，図2のようなスケッチをかいた。また，図3は，ほり起こしたホウセンカの根のスケッチである。これについて，次の問いに答えなさい。

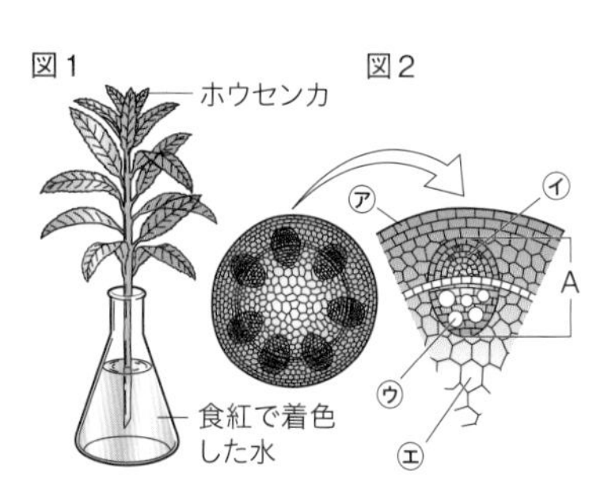

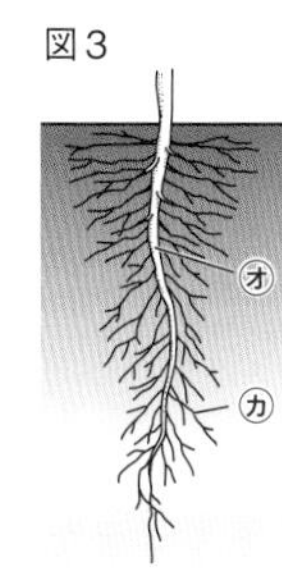

□ ❶ 図2で，食紅で赤く染(そ)まった部分はどこか。
㋐～㋓から選び，その記号と名称(めいしょう)を答えなさい。
記号(　　　　)　名称(　　　　)

□ ❷ 図2のAの部分を何というか。名称を答えなさい。
(　　　　)

□ ❸ 図3の㋔と㋕の根は，それぞれ何とよばれているか。名称を答えなさい。　㋔(　　　　)　㋕(　　　　)

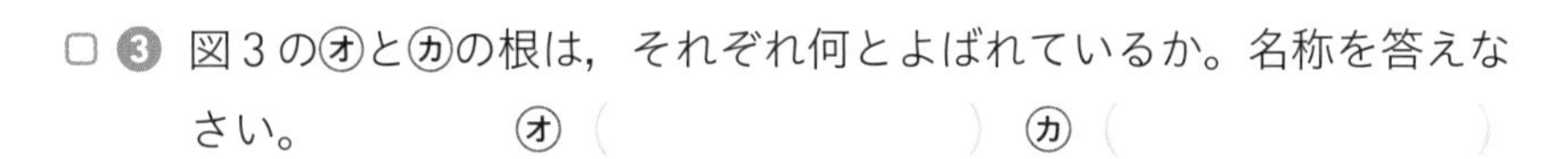

【根・茎・葉にある水の通り道】

❷ 図は，植物の体内の物質の移動を模式的(もしきてき)に示したものである。これについて，次の問いに答えなさい。

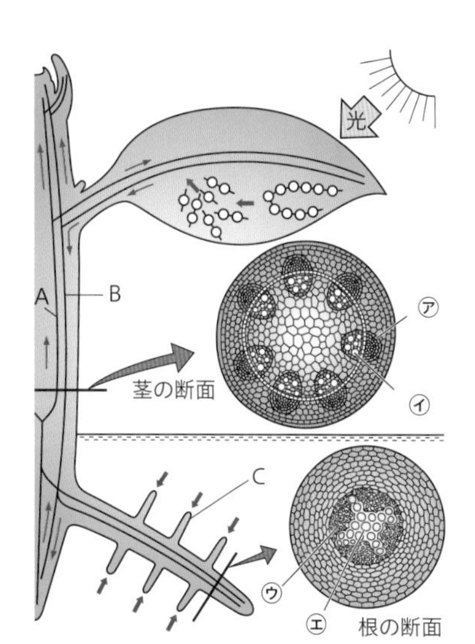

□ ❶ Cで吸収(きゅうしゅう)されるものは，何と何か。
(　　　　)(　　　　)

□ ❷ Cで吸収されたものは，根では㋒と㋓のどちらの管を通るか。また，茎では㋐と㋑のどちらの管を通るか。記号で答えなさい。
根(　　　　)　茎(　　　　)

□ ❸ AとBの管の名称を答えなさい。
A(　　　　)　B(　　　　)

□ ❹ 葉でつくられた栄養分を運ぶ管は，AとBのどちらの管か。
(　　　　)

□ ❺ AとBは数本ずつ集まって束をつくり，根から茎，葉へとつながっている。この数本のAとBが集まった束を何というか。

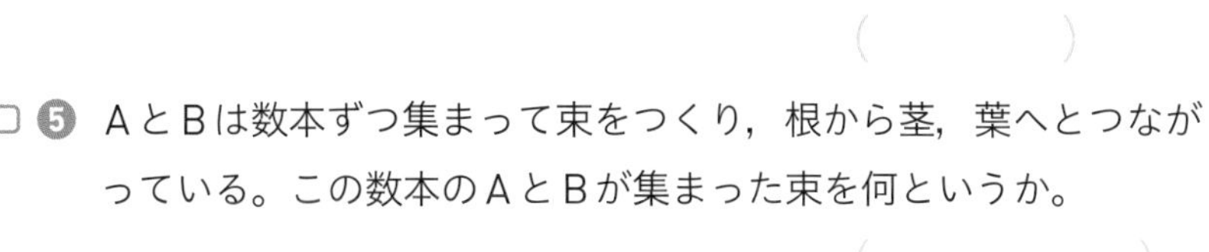

(　　　　)

ヒント ❶❶植物に食紅で着色した水が吸(す)いこまれると，水の通り道が赤く染まる。

【 葉のつくり 】

❸ 図は，ツバキの葉を一部切りとり，断面を顕微鏡で観察したときのスケッチである。これについて，次の問いに答えなさい。

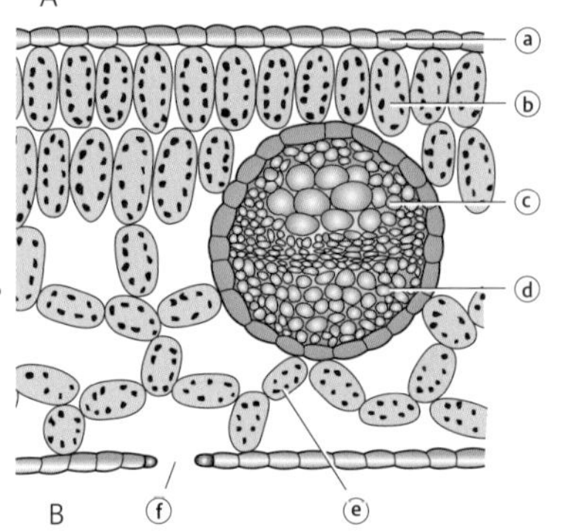

□ ❶ ⓑのような小さな部屋のようなものを何というか。

（　　　　）

□ ❷ おもに，ⓑとⓔの内部に，緑色をした小さな粒（つぶ）がたくさん見られた。この粒を何というか。（　　　　）

□ ❸ ⓒとⓓの部分は，葉の表面から見るとすじのように見える。この葉のすじを何というか。（　　　　）

□ ❹ 葉でつくった栄養分を送る管は，ⓒとⓓのどちらか。記号で答えなさい。（　　　）

□ ❺ ⓐとⓕの部分の名称を答えなさい。

ⓐ（　　　　　　）　ⓕ（　　　　　　）

□ ❻ この図で葉の裏側はAとBのどちらと考えられるか。（　　　）

□ ❼ ❻のように考えた理由を簡単（かんたん）に答えなさい。

（　　　　　　　　　　　　　　　　　　　　）

【 気孔（きこう）のはたらき 】

❹ 図は，植物のある部分を顕微鏡で観察したスケッチである。これについて，次の問いに答えなさい。

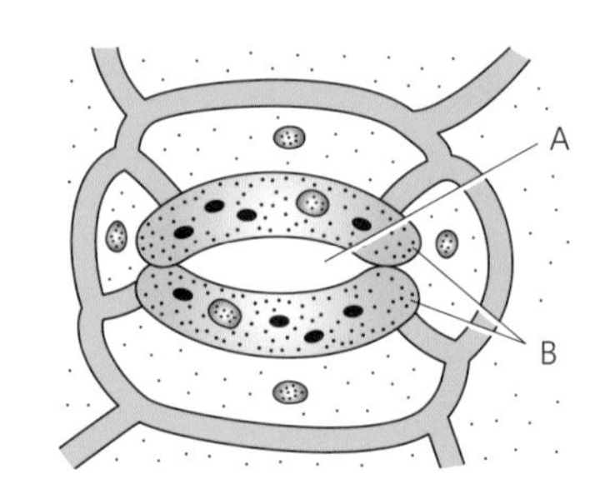

□ ❶ 図のつくりは，植物のどの部分に多く見られるか。次の㋐～㋓から選び，記号で答えなさい。（　　　）

㋐ 根の表皮　㋑ 茎の表皮　㋒ 葉の裏の表皮　㋓ 葉の表の表皮

□ ❷ Bの細胞（さいぼう）に囲まれたすきまAの名称を答えなさい。

（　　　　）

□ ❸ すきまAから水蒸気（すいじょうき）を大気中に出すことを，何というか。

（　　　　）

□ ❹ ❸のはたらきは，昼間と夜間ではどちらがさかんに行われているか。

（　　　　）

ヒント　❸❸葉の中の維管束（いかんそく）がすじのように見える。

ミスに注意　❸❼理由を問われているので，「…から」「…ため」と答える。

[解答▶p.2]

Step 1 基本チェック

3章 動物の体のつくりとはたらき(1)

10分

■ 赤シートを使って答えよう！

❶ 栄養分をとり入れる

▶ 教 p.34-41

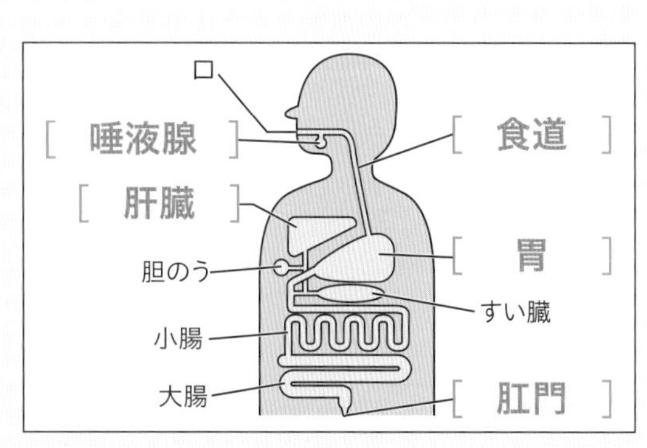

□ ヒトの消化器官

□ 口からとり入れられた食物は，歯や［ 消化管 ］の運動でくだかれたり，消化液にふくまれる［ 消化酵素 ］のはたらきで分解されることによって，吸収されやすい物質になる。この一連のはたらきを［ 消化 ］という。

□ デンプンは，唾液腺から出る唾液にふくまれる［ アミラーゼ ］という消化酵素や，すい臓から出るすい液中や小腸の壁の消化酵素のはたらきで，［ ブドウ糖 ］に分解される。

□ タンパク質は，胃液中の［ ペプシン ］とすい液中のトリプシンと小腸の壁の消化酵素のはたらきで，［ アミノ酸 ］に分解される。

□ 脂肪は，すい液中の消化酵素のリパーゼのはたらきで，［ 脂肪酸 ］と［ モノグリセリド ］に分解される。

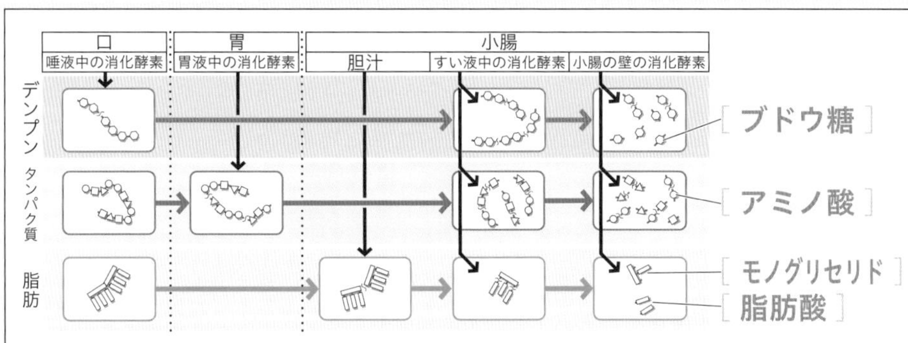

□ ヒトの食物の消化

□ 小腸の内側の壁のひだの表面には，［ 柔毛 ］という小さな突起が多数あり，ここから栄養分は吸収される。

□ ブドウ糖と［ アミノ酸 ］は柔毛の［ 毛細血管 ］から吸収され，脂肪酸とモノグリセリドは柔毛で吸収された後，再び脂肪になって［ リンパ管 ］へ入る。

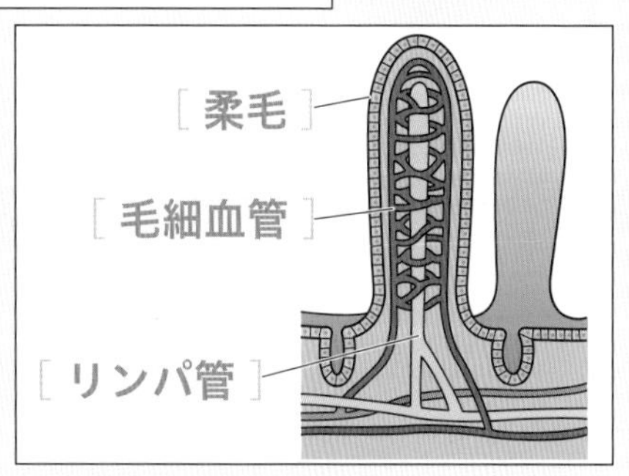

□ 小腸の内側の壁

テストに出る　唾液のはたらきの実験はよく出る。指示薬と反応について，まとめておこう。

Step 2 予想問題 3章 動物の体のつくりとはたらき(1)

20分 (1ページ10分)

【唾液(だえき)のはたらき】

❶ ヒトの唾液のはたらきを調べるために，次の実験をした。

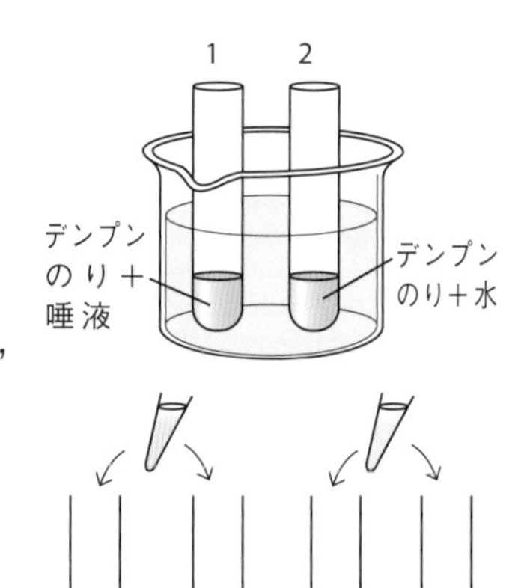

実験 同量のデンプンのりが入った試験管①，②を用意し，①にはうすめた唾液を，②には同量の水を加えてから，ⓐある温度の水に10分間つけた。

次に，①の液を試験管A，Bに分け，②の液を試験管C，Dに分けてから，試験管AとCにはヨウ素溶液(ようそようえき)を加えて反応を調べた。試験管BとDにはベネジクト溶液を加えてからⓑある操作(そうさ)をして反応を調べた。表は，その結果を示したものである。

試薬＼試験管	A	B	C	D
ヨウ素溶液	反応なし		反応あり	
ベネジクト溶液		反応あり		反応なし

□ ❶ 実験の下線部ⓐの温度として，もっとも適切なものはどれか。次の㋐～㋓から１つ選びなさい。（　　）

㋐ 約0℃　㋑ 約20℃　㋒ 約40℃　㋓ 約70℃

□ ❷ ❶で答えた温度にするのは，何の温度に近づけるためか。（　　）

□ ❸ 実験の下線部ⓑのある操作とはどのような操作か。簡単(かんたん)に答えなさい。

（　　）

□ ❹ ヨウ素溶液を加えたとき，試験管Cの液は何色に変化したか。次の㋐～㋓から１つ選びなさい。（　　）

㋐ 赤色　㋑ 白色　㋒ 黄褐色(おうかっしょく)　㋓ 青紫色(あおむらさきいろ)

□ ❺ ベネジクト溶液で反応を調べたとき，試験管Bの液はどのように反応したか。次の㋐～㋓から１つ選びなさい。（　　）

㋐ 白色の沈殿(ちんでん)ができた。　㋑ 赤褐色(せきかっしょく)の沈殿ができた。

㋒ 液が緑色になった。　㋓ 液が青紫色になった。

□ ❻ この実験から，唾液にはどんなはたらきがあるといえるか。

（　　）

□ ❼ 唾液中にふくまれる消化酵素(しょうかこうそ)は何か。名称(めいしょう)を答えなさい。

（　　）

ヒント ❶❶ヒトの体温は，約36℃である。

ミスに注意 ❶❻ヨウ素溶液が反応ありということは，デンプンが残っているということである。

[解答▶p.3]

【ヒトの消化に関係する器官】

❷ 図は，ヒトの消化に関係する器官を表したものである。

□ ❶ 図の㋐～㋗を何というか。

㋐（　　　　）　㋑（　　　　）
㋒（　　　　）　㋓（　　　　）
㋔（　　　　）　㋕（　　　　）
㋖（　　　　）　㋗（　　　　）

□ ❷ 図の㋐～㋗の中で，食物が通らない器官が4つある。すべて選び記号で答えなさい。（　　　　）

□ ❸ デンプンが最初に消化される消化液を出すところは㋐～㋗のどこか。（　　）

□ ❹ ㋓から出る消化液を何というか。名称を答えなさい。

（　　　　）

□ ❺ 消化液にふくまれる，食物を消化するはたらきをもつものを何というか。（　　　　）

【養分の吸収】

❸ 図は，ヒトのある消化器官の内側の壁の一部を表したものである。

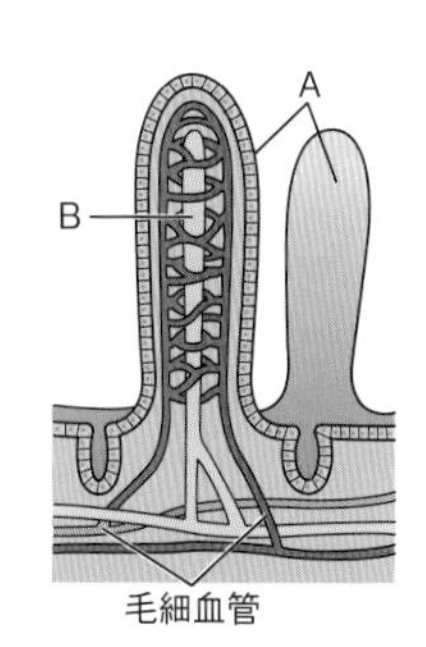

□ ❶ 図のようなものがあるのは，体の中の何という器官か。（　　　　）

□ ❷ 図のAは，壁の表面に無数にある。Aを何というか。（　　　　）

□ ❸ 図のBの管を何というか。（　　　　）

□ ❹ 毛細血管は，消化された栄養分を吸収する。どんな栄養分を吸収するか。次の㋐～㋓から2つ選びなさい。（　　　）

㋐ ブドウ糖　㋑ アミノ酸　㋒ デンプン　㋓ 脂肪酸

□ ❺ 図のAのような突起が無数にあることは，どのような点でつごうがよいか。簡単に説明しなさい。

（　　　　　　　　　　　　　　　　）

ヒント ❷❷食物が通る消化管は，口から肛門まで1本の道になっている。

ミスに注意 ❸❹デンプンとタンパク質が分解されてできたものは毛細血管，脂肪はリンパ管。

Step 1 基本チェック　3章 動物の体のつくりとはたらき(2)

10分

赤シートを使って答えよう！

❷ 動物の呼吸

▶ 教 p.42-43

□ ヒトでは，吸いこまれた空気は［気管］を通って肺に入る。ヒトの肺は，細かく枝分かれした気管支と［肺胞］という小さな袋が集まってできている。

□ 肺胞のまわりは［毛細血管］が網の目のようにとり囲み，肺胞内の空気から血液へ［酸素］がとり入れられ，血液から肺胞内へ［二酸化炭素］が出される。

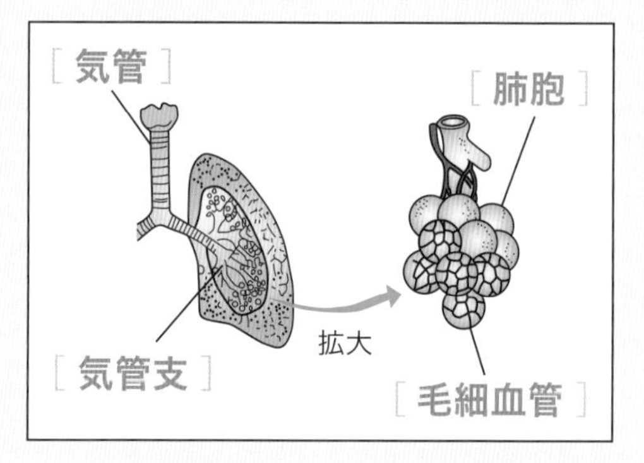

□ ヒトの呼吸系

❸ 不要な物質のゆくえ

▶ 教 p.44

□ 体内に生じた不要な物質を体外に出すはたらきを［排出］という。

□ アミノ酸が分解されてできるアンモニアは有害なので，［肝臓］で害の少ない［尿素］に変えられる。

□ 尿素などの不要な物質は［腎臓］で血液中からこし出され，［尿］として体外へ排出される。

❹ 物質を運ぶ

▶ 教 p.45-48

□ 血液は，赤い色素の［ヘモグロビン］をふくむ［赤血球］や，［白血球］，血小板と，［血しょう］という液体成分からなる。

□ 毛細血管からしみ出した血しょうの一部が［組織液］となり，血管と細胞の間で物質の受けわたしのなかだちとなる。

□ 心臓から送り出された血液が流れる血管を［動脈］といい，壁が厚く，弾力がある。

□ 心臓にもどる血液が流れる血管を［静脈］といい，ところどころに弁がある。

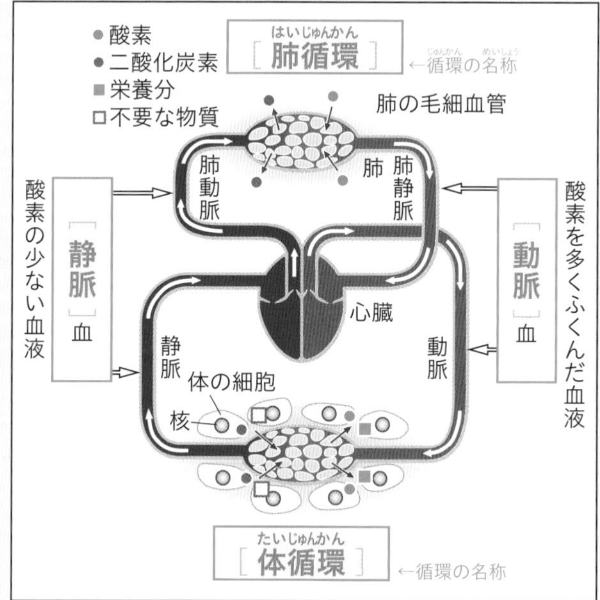

□ ヒトの血液の流れ

テスト に出る　肺胞が多いため，気体交換が効率よくできることを，文章で書けるようにしておこう。

Step 2 予想問題　3章 動物の体のつくりとはたらき(2)

20分
（1ページ10分）

【ヒトの肺のつくり】

❶ 図は，ヒトの肺とその一部を拡大したものである。次の問いに答えなさい。

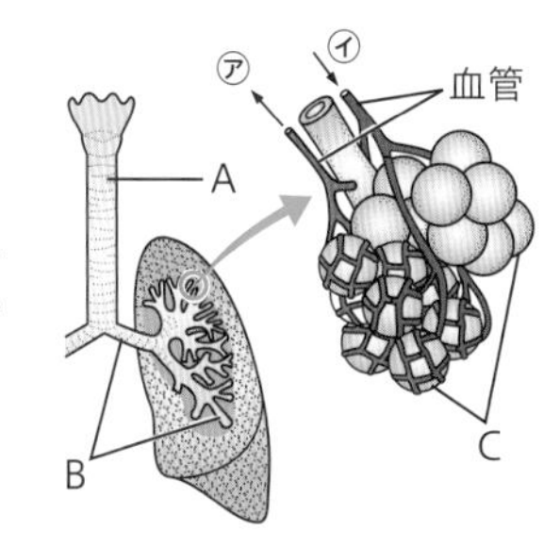

□ ❶ 鼻や口から吸いこまれた空気は，Aの管，枝分かれしたBの管を通って，最後には小さなCの袋に入る。A，B，Cの名称をそれぞれ答えなさい。

A（　　　　）　B（　　　　）　C（　　　　）

□ ❷ 図中の㋐，㋑の矢印は，血液の流れる方向を表している。次の①や②の物質が多くふくまれている血液は，㋐と㋑のどちらへ流れているか。それぞれ記号で答えなさい。　①（　　　　）　②（　　　　）

① 二酸化炭素　　② 酸素

□ ❸ 肺が無数のCでできていることは，どのような利点があるか。「表面積」，「効率」という語を使って，簡単に書きなさい。

（　　　　　　　　　　　　　　　　）

【不要な物質の排出】

❷ 図は，ヒトのある排出器官のしくみを示したものである。図を見て，次の問いに答えなさい。

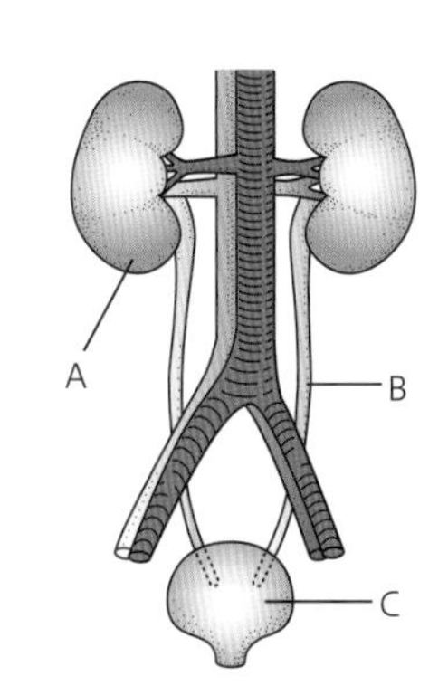

□ ❶ A～Cの器官の名称を答えなさい。

A（　　　　）　B（　　　　）　C（　　　　）

□ ❷ アミノ酸が分解されてできる，窒素をふくむ有害な物質は何か。

（　　　　）

□ ❸ ❷の有害な物質は，ヒトでは何につくり変えられているか。

（　　　　）

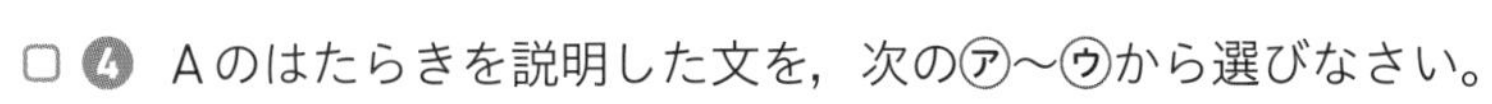

□ ❹ Aのはたらきを説明した文を，次の㋐～㋒から選びなさい。　（　　　　）

㋐ 体内の有害な物質を無害なものにつくり変える。
㋑ 血液中から，不要な物質や余分な無機物などをこし出す。
㋒ 血液中から，余分なタンパク質やブドウ糖をこし出す。

ミスに注意　❶❸指定されている語は，必ず使うこと。

ヒント　❷❹有害なものを無害な物質に変えるはたらきは，腎臓のはたらきではない。

［解答▶p.3］

【 血液の成分とはたらき 】

❸ 図は，ヒトの血液と細胞との間での物質のやりとりのようすを，模式的に表したものである。次の問いに答えなさい。

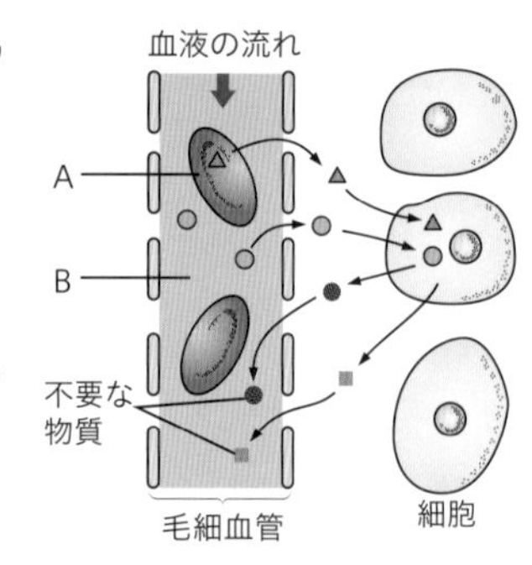

□ ❶ 図のAは，円盤状をした血液の成分，図のBは，血液の液体成分である。図の▲は，Aによって運ばれてきたものであり 図の●は，Bによって運ばれてきたものである。▲と●はそれぞれ，何を表しているか。

▲（　　　　　　）　●（　　　　　　）

□ ❷ Bの液体成分を，何というか。（　　　　　　）

□ ❸ 図のBの液体の一部が毛細血管からしみ出したものを何というか。その名称を答えなさい。（　　　　　　）

□ ❹ ❸の液にはどのようなはたらきがあるか。

（　　　　　　）

【 血液の循環 】

❹ 図は，全身の血液の流れを模式的に表したものである。次の問いに答えなさい。

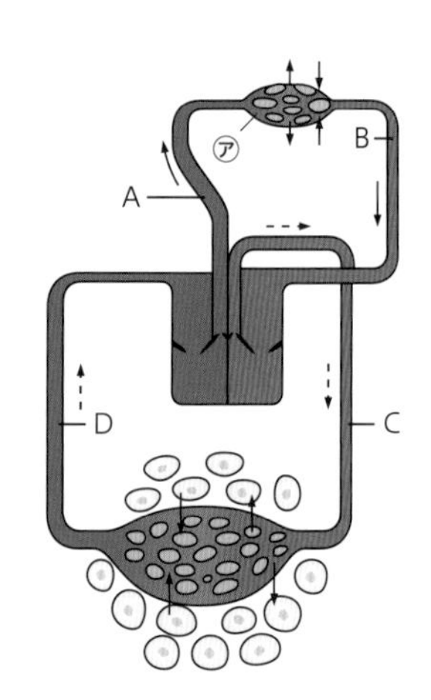

□ ❶ ㋐は気体の交換を行う器官である。その器官名を答えなさい。

（　　　　　　）

□ ❷ 次のⓐ～ⓓは，CとDの間（図の下側）での説明である。正しいものをすべて選び，記号で答えなさい。（　　　　　　）

ⓐ 酸素を体の細胞にわたす。

ⓑ 二酸化炭素を体の細胞にわたす。

ⓒ 酸素を血液にとりこむ。

ⓓ 二酸化炭素を血液にとりこむ。

□ ❸ A～Dの中で，脈拍のある血管はどれか。あてはまるものをすべて選びなさい。（　　　　　　）

□ ❹ A～Dの中で，酸素の少ない暗赤色の血液が流れている血管はどれか。あてはまるものをすべて選びなさい。（　　　　　　）

□ ❺ Aの血管名を答えなさい。（　　　　　　）

□ ❻ 心臓からC，Dを通って心臓にもどる血液の循環を何というか。

（　　　　　　）

ヒント ❸❷赤血球は酸素を肺から運び，細胞にわたす。

ミスに注意 ❹❹動脈に静脈血が流れているところがあるので注意。

[解答▶p.3]

Step 1 基本チェック　4章 動物の行動のしくみ

10分

赤シートを使って答えよう！

❶ 感じとるしくみ

▶ 教 p.51-53

□ 光や音のような，生物にはたらきかけてなんらかの反応を起こさせるものを［刺激］といい，それを受けとる部分を［感覚器官］という。ヒトには，目，耳，鼻，［皮膚］などがある。

□ 感覚器官には，刺激を受けとる細胞の［感覚細胞］が集まっていて，この細胞で受けとった刺激は［神経］を通って脳へ伝わる。

□ ヒトの目では，物体からの光の刺激は［レンズ］→［網膜］→視神経の順で脳へ伝わる。

□ ヒトの耳では，音の刺激は［鼓膜］→耳小骨→［うずまき管］→聴神経の順で脳に伝わる。

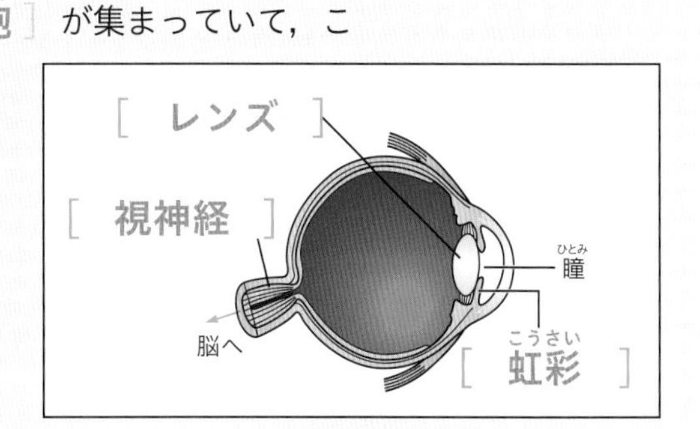

□ 目のつくり（断面図）

❷ 刺激を伝えたり反応したりするしくみ

▶ 教 p.54-57

□ 脳と脊髄は［中枢神経］とよばれ，そこから枝分かれして出ていく神経を［末しょう神経］という。

□ 感覚器官が受けとった刺激は，［感覚神経］によって脳や脊髄に伝えられる。

□ 脳からの命令は，［運動神経］によって運動器官や内臓の筋肉に伝えられ，反応が起こる。

□ 刺激に対して無意識に起こる反応を，［反射］という。

❸ 運動のしくみ

▶ 教 p.58-59

□ ヒトの体の中には，関節でつながった［骨格］があり　体の内部にあることから［内骨格］ともいう。

□ ひじの部分でうでが曲がるのは，関節をこえてついている2つの筋肉の一方が［収縮］し，もう一方は［ゆるむ］からである。

反射の経路や，反射が何に役立つのかは，よく出る。

Step 2 予想問題 4章 動物の行動のしくみ

【ヒメダカの目のはたらき】

❶ 図のように，ヒメダカを入れた水そうの外側で縦(たて)じま模様(もよう)の紙を回し，ヒメダカの泳ぐようすを観察した。次の問いに答えなさい。

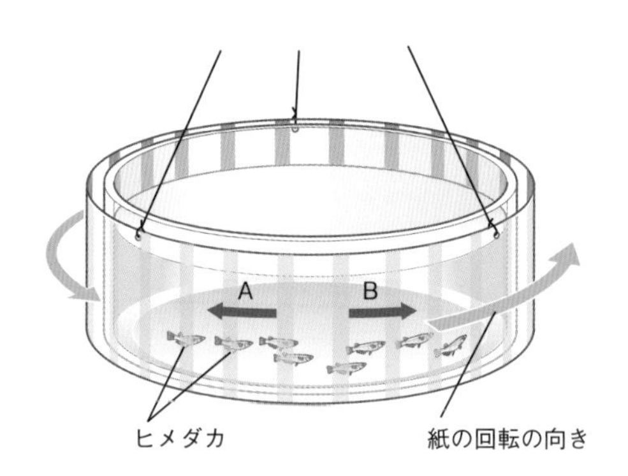

□ ❶ ヒメダカの泳ぐ向きは，AとBのどちらか。
（　　）

□ ❷ 下の文の（　）に適する言葉を入れなさい。
ヒメダカは周囲の動きを（　　）で感じとり　模様に合わせて泳ぐ。

【目のつくりとはたらき】

❷ 図は，ヒトの目の垂直断面を示したものである。次の問いに答えなさい。

□ ❶ 図のA～Cの名称(めいしょう)を答えなさい。
A（　　）　B（　　）　C（　　）

□ ❷ A～Cのはたらきを下の㋐～㋒からそれぞれ選び，記号で答えなさい。
A（　　）　B（　　）　C（　　）
㋐ 瞳(ひとみ)の大きさを変え，目に入る光の量を調節する。
㋑ 光の刺激(しげき)を受けとる細胞(さいぼう)がある。
㋒ 筋肉(きんにく)によってふくらみを変え，ピントの合った像をつくる。

【耳のはたらき】

❸ 図は，耳のつくりを示したものである。次の問いに答えなさい。

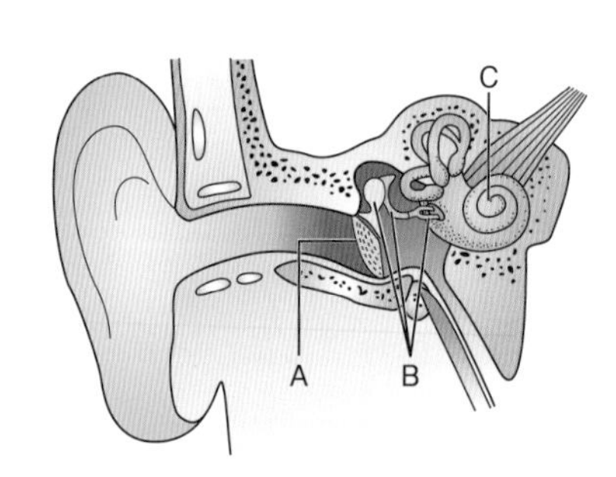

□ ❶ A～Cの名称を答えなさい。
A（　　）　B（　　）
C（　　）

□ ❷ 空気の振動(しんどう)が液体の振動に変わるのは，A～Cのどれか。（　　）

ヒント ❶メダカは，その場にとどまっていようとする。

［解答▶p.4］

【刺激と反応】

❹ 図は，ヒトの神経系のつくりを模式的に示したものである。

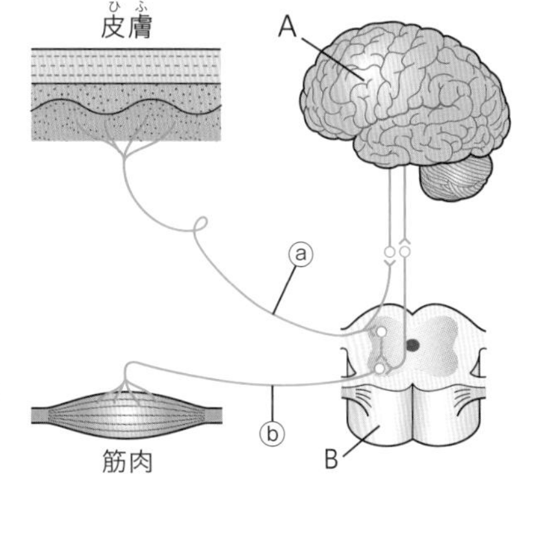

□ ❶ 図のAとBは何か。それぞれの名称を答えなさい。

A（　　　　）　B（　　　　）

□ ❷ 図のⓐ，ⓑで示した部分は神経を表している。ⓐとⓑの名称を答えなさい。

ⓐ（　　　　）　ⓑ（　　　　）

□ ❸ 「足が冷たくなったので，くつ下をはいた」という場合，刺激が伝わってから，反応が終わるまでの道筋はどうなるか。図を見て，次の㋐～㋓から正しいものを1つ選び，記号で答えなさい。（　　　　）

㋐ ⓐ→B→ⓑ

㋑ ⓐ→B→A→B→ⓑ

㋒ ⓑ→B→ⓐ

㋓ ⓑ→B→A→B→ⓐ

□ ❹ 「熱いものにふれて，思わず手を引いた」というような反応を何というか。

（　　　　）

□ ❺ ❹の起こる道筋はどうなるか。図を見て❸の㋐～㋓から1つ選び，記号で答えなさい。（　　　　）

【骨格と筋肉】

❺ 図は，ヒトのうでの骨と筋肉を模式的に示したものである。

□ ❶ 筋肉の両端にあって，筋肉と骨をつないでいる部分（図のⓐ）を何というか。（　　　　）

□ ❷ 骨のつながりの部分（図のⓑ）を何というか。

（　　　　）

□ ❸ うでをのばしたとき，ⓒやⓓの筋肉はどうなるか。次の㋐～㋓から1つ選び，記号で答えなさい。（　　　　）

㋐ ⓒは縮み，ⓓはゆるむ。

㋑ ⓒはゆるみ，ⓓは縮む。

㋒ ⓒもⓓも縮む。

㋓ ⓒもⓓもゆるむ。

ヒント ❹❸脳で判断した行動である。

Step 3 予想テスト　生物の体のつくりとはたらき

30分　/100点　目標 70点

❶ 図は，動物の細胞と植物の細胞を模式的に示したものである。これについて，次の問いに答えなさい。

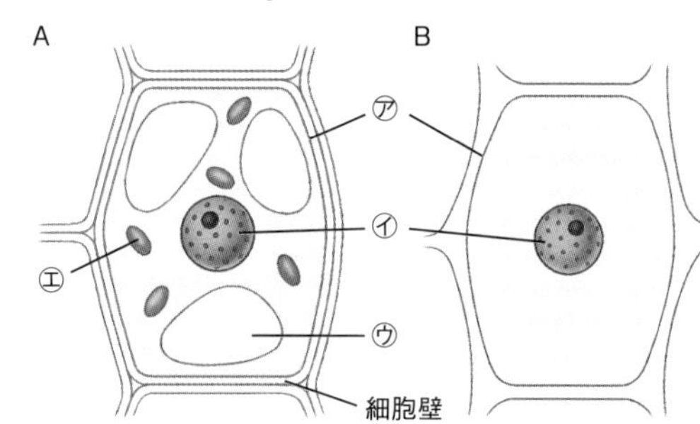

□ ❶ A，Bのうち，植物の細胞はどちらか。

□ ❷ 図の㋐～㋒のそれぞれの名称を答えなさい。

□ ❸ 小さい粒状の㋓ではどのようなはたらきが行われるか。そのはたらきの名称を答えなさい。

□ ❹ ヒトやタマネギのように，多くの細胞で体がつくられている生物を何というか。

❷ 葉の枚数や大きさがほぼ同じ植物の枝を４本準備して，それぞれの葉に図１の処理をし，同じ場所に数時間置いた後，それぞれのフラスコの水の減少量を調べた。表は，その結果をまとめたものである。次の問いに答えなさい。 技 思

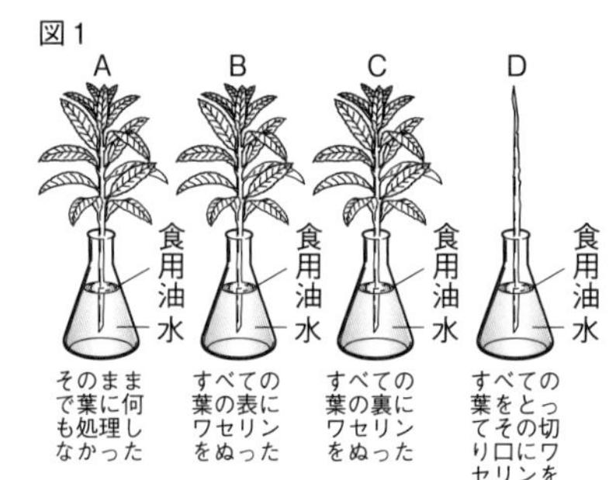

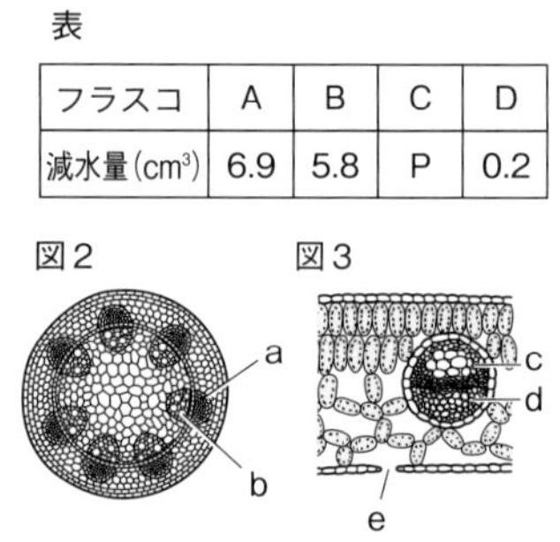

表

フラスコ	A	B	C	D
減水量(cm³)	6.9	5.8	P	0.2

□ ❶ 食用油を入れた理由を簡単に答えなさい。

□ ❷ 水の量が減少したのは，植物の何というはたらきによるか。

□ ❸ 葉の裏から出ていった水の量は何cm³か。

□ ❹ 表のPにあてはまる値を求めなさい。

□ ❺ BとCの結果のちがいから，実験に使った葉のつくりについて，簡単に説明しなさい。

□ ❻ 図２と図３は，アブラナの茎と葉の断面図である。根から吸収された水の通り道をa～eから２つ選び，その名称を答えなさい。

□ ❼ 葉のcとdの集まりを何とよぶか。

□ ❽ eを出入りする気体をすべて答えなさい。

❸ 図は，ヒトの血液の流れを表す模式図である。これについて，次の問いに答えなさい。ただし，図は正面から見たものとして表している。 思

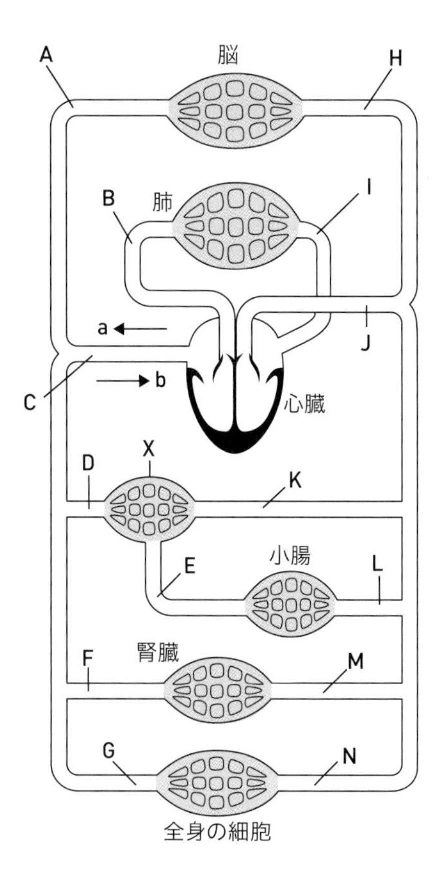

□ ❶ 図中の矢印 a，b は血液の流れる向きを示している。どちらの矢印が正しいか。記号で答えなさい。

□ ❷ 図中のＸの器官の名称を答えなさい。

□ ❸ Ｘの器官のはたらきとして正しいものを次の㋐～㋔からすべて選び，記号で答えなさい。

㋐ すい液をつくる。
㋑ 尿素をこし出す。
㋒ 胆汁をつくる。
㋓ 酸素を放出する。
㋔ 有害物質を無害化する。

点UP

□ ❹ 次の①～③の血管を，図のＡ～Ｎから１つ選び，記号で答えなさい。

① 酸素をもっとも多くふくむ血管
② 栄養分をもっとも多くふくむ血管
③ 尿素がもっとも少ない血管

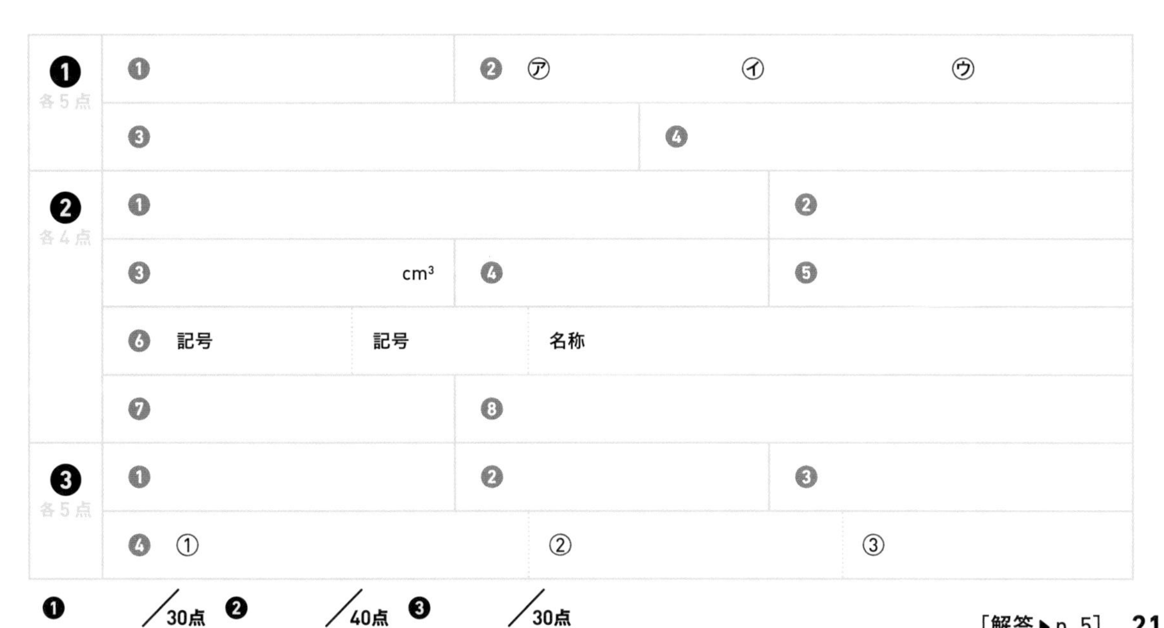

❶ 各５点	❶	❷ ㋐ ㋑ ㋒	
	❸	❹	
❷ 各４点	❶	❷	
	❸ cm³	❹	❺
	❻ 記号	記号	名称
	❼	❽	
❸ 各５点	❶	❷	❸
	❹ ①	②	③

❶ ／30点 ❷ ／40点 ❸ ／30点

[解答▶p. 5]

Step 1 基本チェック　1章 地球をとり巻く大気のようす

10分

赤シートを使って答えよう！

❶ 大気中ではたらく力

▶ 教 p.72-75

□ 大気の重さによって生じる力は，　あらゆる向きから物体の表面に［ 垂直 ］にはたらいている。

□ 一定面積あたりの面を［ 垂直 ］に押す力のはたらきを［ 圧力 ］という。

□ 圧力の大きさは，以下の式で求めることができる。

$$\text{圧力〔Pa〕} = \frac{\text{力の大きさ〔［ N ］〕}}{\text{力のはたらく［ 面積 ］〔m}^2\text{〕}}$$

□ 圧力の単位には，ニュートン毎平方メートル（記号［ N/m^2 ］）や［ パスカル ］（記号Pa）を用いる。

1 Pa＝［ 1 ］N/m^2＝0.0001 N/cm^2

□ 大気による圧力を［ 大気圧（気圧） ］という。海面と同じ高さのところでは，平均約1013 hPa（ヘクトパスカル）であり，この大きさを1気圧とよぶ。

❷ 大気のようすを観測する

▶ 教 p.76-80

□ 大気のようすは，気圧，気温，［ 湿度 ］（空気の湿りけの度合い），風向・風速，［ 雲量 ］（空全体を10としたときに雲が空をしめる割合），雨量などの［ 気象要素 ］で表す。

□ 天気は天気記号で表し，風は［ 16 ］方位の風向と，風速から求めた［ 風力 ］をはねの数で表す。

□ 気温は，乾湿計の［ 乾球温度計 ］の示度を読みとる。

□ 湿度は，乾球温度計の示度と，乾球温度計と湿球温度計の示度の差から，［ 湿度表 ］を用いて求める。

□ 気圧は，アネロイド気圧計や水銀気圧計を用いて調べる。

記号	天気	雲量
○	［ 快晴 ］	［ 0～1 ］
⦶	［ 晴れ ］	［ 2～8 ］
◎	［ くもり ］	［ 9～10 ］
●	［ 雨 ］	
⊗	［ 雪 ］	

□ 天気記号

圧力を計算で求める問題がよく出る。公式を覚えておこう。

Step 2 予想問題　1章 地球をとり巻く大気のようす

【大気の圧力】

❶ 図のように，ペットボトルの中の空気を減圧ポンプでぬくと，ペットボトルがつぶれた。

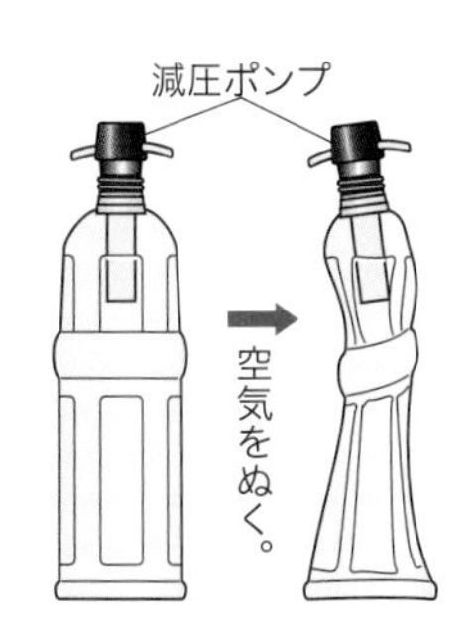

□ ❶ ペットボトルがつぶれたのは，空気の重さによって生じる圧力によるものである。この圧力を何というか。（　　　）

□ ❷ ❶の大きさは，海面と同じ高さの所では何気圧か。（　　　）

□ ❸ ペットボトルのつぶれ方から考えて，この圧力がはたらく方向についてどのようなことがいえるか。（　　　）

□ ❹ ペットボトルの栓をしたまま，空気をぬかずに高い山の上まで持っていくとどうなるか。また，その理由も簡単に書きなさい。

ペットボトルのようす（　　　）

理由（　　　）

【圧力】

❷ 次の問いに答えなさい。

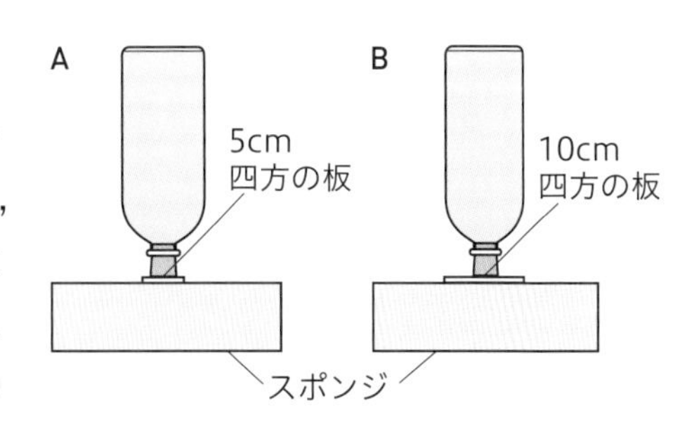

実験 図のように，スポンジの上に一辺の長さを 5 cm，10 cmの正方形に切りとった板を置き，水を入れたペットボトルをさかさまにして立ててスポンジのへこみ方を調べた。水を入れたペットボトルの質量は 2 kgとし，100 gの物体にはたらく重力の大きさを 1 Nとする。

□ ❶ スポンジのへこみ方が大きいのは，AとBのどちらか。（　　　）

□ ❷ Aが，スポンジを押す力は何Nか。（　　　N）

□ ❸ Aのスポンジが受ける圧力は，Bのスポンジが受ける圧力の何倍か。（　　　倍）

□ ❹ Bのスポンジが受ける圧力は何Paか。（　　　Pa）

ミスに注意 ❶❹高い山の上の状況を答える。理由を問われているので「…から」と答える。

ヒント ❷❹ 1 Pa＝ 1 N/m^2である。

[解答▶p.6]

【 気象要素の変化 】

❸ グラフは，3日間の気圧，気温，湿度の変化を示したものである。次の問いに答えなさい。

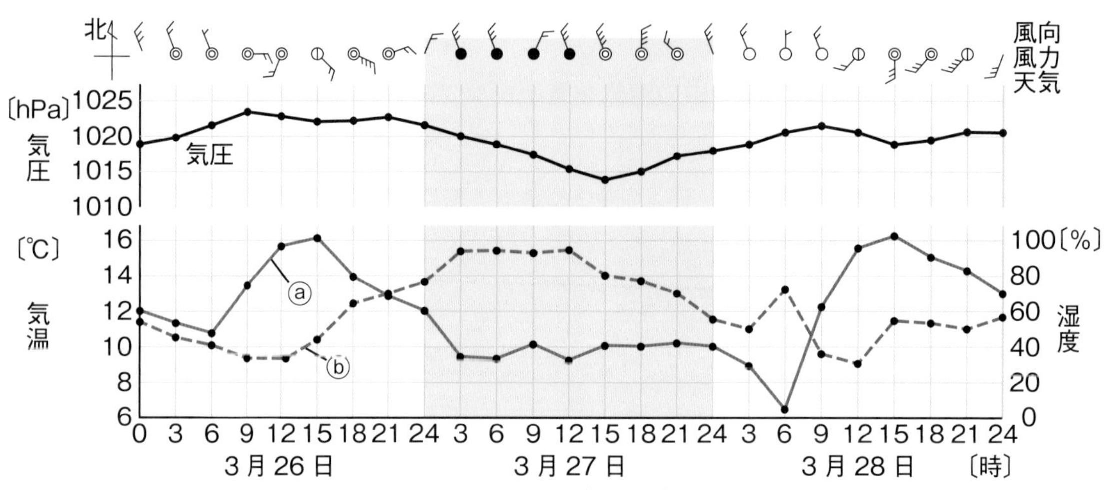

□ ❶ 気温を示すグラフはⓐとⓑのどちらか。（　　）

□ ❷ 3月27日は気圧が低くなってきているが，天気はどうなっているか。

（　　　　　　　　　　）

□ ❸ 次の文章は，グラフから読みとれることをまとめてある。正しい内容であれば○を記入し，誤りであれば，下線部を正しい表現に改めなさい。

① 気温の変化は，雨やくもりの日より晴れの日のほうが<u>小さい</u>。

（　　　　）

② 気温と湿度の変化のしかたは，<u>逆に</u>なっている。（　　　　）

③ 雨が降ると，湿度は<u>低くなっている</u>。（　　　　）

④ 晴れの日でも，明け方など気温が下がれば，湿度は<u>高くなっている</u>。（　　　　）

□ ❹ 3月28日の12時の風向，風力，天気をかきなさい。また，このときの雲量を㋐～㋒から選びなさい。

風向（　　　　）　風力（　　　　）　天気（　　　　）

雲量（　　）

㋐ 0～1　　㋑ 2～8　　㋒ 9～10

□ ❺ ある日のある時間の乾湿計の目盛りを調べたところ，乾球の示度は14℃，湿球の示度は12℃であった。

① このときの気温は何℃か。（　　　℃）

② このときの湿度は何％か。右の湿度表から求めなさい。（　　　％）

		乾球の示度－湿球の示度〔℃〕						
		0.0	0.5	1.0	1.5	2.0	2.5	3.0
乾球の示度〔℃〕	15	100	94	89	84	78	73	68
	14	100	94	89	83	78	72	67
	13	100	94	88	83	77	71	66
	12	100	94	88	82	76	70	65
	11	100	94	87	81	75	69	63
	10	100	93	87	81	74	68	62

ミスに注意　❸❷「どうなっているか」と問われているので「…いる」と答える。

ヒント　❸❺②乾球の示度と，乾球の示度−湿球の示度が交差したところの値を読みとる。

Step 1 基本チェック 2章 大気中の水の変化

10分

赤シートを使って答えよう！

❶ 霧のでき方

▶ 教 p.82-83

□ ［霧（きり）］は，地表付近の空気が冷やされて，水蒸気（すいじょうき）が水滴（すいてき）になって発生する。

❷ 雲のでき方

▶ 教 p.84-89

□ 上昇（じょうしょう）する空気の動きを［上昇気流（じょうしょうきりゅう）］，下降（かこう）する空気の動きを［下降気流（かこうきりゅう）］という。

□ 空気が上昇すると，膨張（ぼうちょう）して温度が［下が］り，水蒸気の一部は水滴になり，［雲］が発生する。小さな雲粒（くもつぶ）が大きく成長して，雨や雪として地表に降るものを［降水（こうすい）］という。

□ 地球上の水は，すがたを変えながら循環（じゅんかん）している。この循環を支えているのは［太陽光］エネルギーである。

❸ 空気にふくまれる水蒸気の量

▶ 教 p.90-93

□ 空気1 m³中にふくむことのできる水蒸気の最大量（単位はg/m³）を［飽和水蒸気量（ほうわすいじょうきりょう）］という。

□ 空気中の水蒸気の量が，飽和水蒸気量と一致（いっち）したときの温度を［露点（ろてん）］という。

□ 空気の湿（しめ）りけの度合いは，［湿度（しつど）］で示される。

$$湿度〔\%〕= \frac{空気1\,m^3中にふくまれる［水蒸気量］〔g/m^3〕}{その温度での［飽和水蒸気量］〔g/m^3〕} \times 100$$

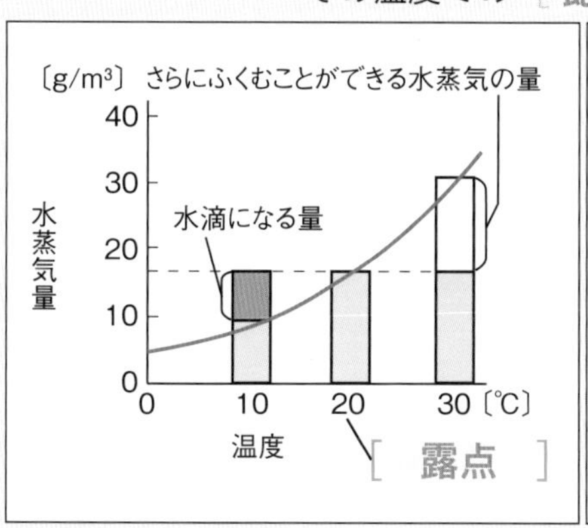

□ 温度と水蒸気量

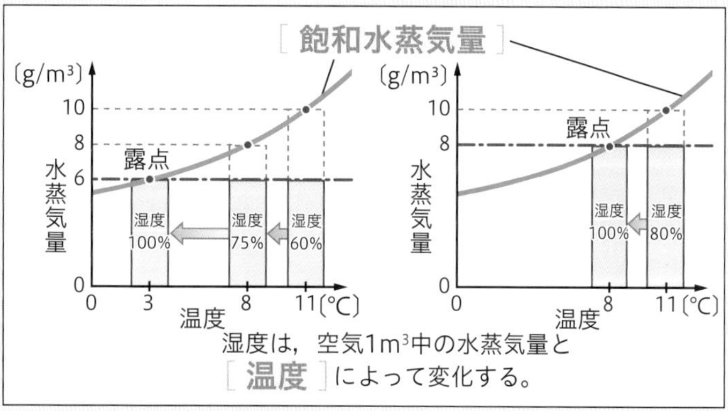

□ 湿度と水蒸気量の関係

テストに出る　湿度の計算はよく出るので，公式を覚えておこう。

Step 2 予想問題　2章 大気中の水の変化

30分（1ページ10分）

【霧】

❶ 図のような装置を用いて，霧をつくる実験をした。

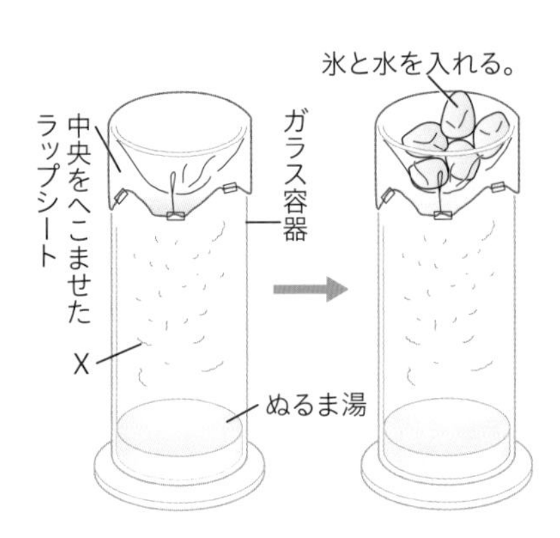

□ ❶ ガラス容器の中に入れたXは何か。

（　　　）

□ ❷ ガラス容器の上部のラップシートの上に氷と水を入れると，容器の中はどうなるか。

（　　　）

□ ❸ この現象と同じものを次の㋐～㋒からすべて選び，記号で答えなさい。（　　　）

㋐ 冷蔵庫を開けると，白いもやが出てくる。
㋑ 気温が低い朝に地面のアスファルトの表面に白いものが付着する。
㋒ 冬の朝，はく息が白くなって見える。

□ ❹ いっぱんに，このような現象が起こりやすいのは下の㋐～㋔のうちどれか。すべて選び，記号で答えなさい。（　　　）

㋐ 風のない晴れた深夜から早朝　㋑ 雨上がりの夕方
㋒ 内陸の盆地の昼間　㋓ 熱帯地方の昼下がり
㋔ 寒冷な地方の海にあたたかい空気が流れこんだとき

【雲】

❷ 図のように，ぬるま湯を少量入れたペットボトルを少しへこませて，ゴム栓をした。この容器を強くへこませたとき，デジタル温度計は21.7 ℃を示した。

□ ❶ 手を放すと容器内の空気の体積はどうなるか。

（　　　）

□ ❷ ❶のとき温度はどうなるか。

（　　　）

□ ❸ このとき，容器の中に確認できる変化を答えなさい。

（　　　）

ミスに注意 ❶❸霧は水滴である。また，寒い朝に地面のアスファルトの表面に付着したものは，氷で霜という。ちがいに注意しよう！

ヒント ❷容器内にぬるま湯を入れているので，容器内の空気は，はじめから水蒸気で飽和している。

[解答▶p.7]

【雲】

❸ 雲のでき方について，図を見て，次の問いに答えなさい。

□ ❶ 図のⓐ，ⓑ，ⓒのモデルは，それぞれ何を表しているか。
ⓐ（　　　　）
ⓑ（　　　　）
ⓒ（　　　　）

□ ❷ 図の㋐は何℃であると考えられるか。（　　　）

□ ❸ 次の文中の（　）に適当な言葉を入れなさい。
空気は，あたためられると上空にのぼっていく。空気のかたまりは，上昇（じょうしょう）するにしたがって（①　　　　）し，その温度は（②　　　　）。やがて，ある温度以下になると，その空気中の（③　　　　）の一部が小さな水滴になる。温度が0℃以下の場合には，小さな（④　　　　）の粒（つぶ）ができはじめる。こうしてできた水滴や（④）の粒が（⑤　　　　）に支えられて浮かんでいるものが（⑥　　　　）である。

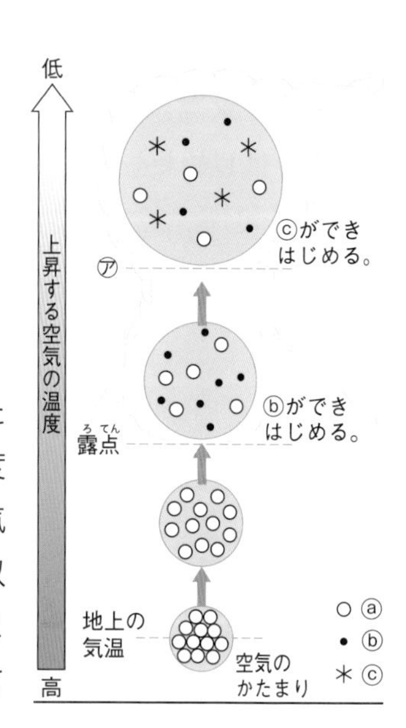

【水の循環（じゅんかん）】

❹ 自然界の水の循環について，次の問いに答えなさい。

□ ❶ ⓐは地上に降（ふ）る雨や雪などを示している。雨や雪などをまとめて何というか。
（　　　　）

□ ❷ 大気中の水蒸気は，何によってもたらされるか。１つ答えなさい。
（　　　　）

□ ❸ 水の循環のもとになるエネルギーは何か。
（　　　　）

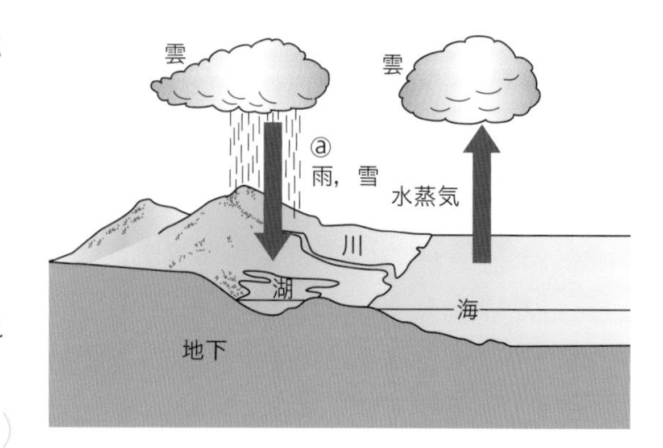

自然界の水は，状態を変化させながら循環していて，増えたり減ったりしていないよ。

ヒント ❸❸上昇気流→気圧低下→空気の膨張（ぼうちょう）→露点以下で水滴が生じる。

ミスに注意 ❹❷１か所ではないことに注意。

［解答▶p.7］

【露点と湿度】

❺ 室温20 ℃の部屋で，15 ℃の水を金属製のコップに入れた。図のように，氷を入れた試験管をゆっくり動かして水温を下げていったところ，水温が10 ℃になったとき，セロハンテープの境界付近がくもりはじめた。表を参考にして，次の問いに答えなさい。

□ ❶ この部屋の空気の露点は何℃か。（　　　　℃）

□ ❷ この部屋の空気は 1 m³に何 g の水蒸気をふくんでいるか。（　　　　g）

□ ❸ この部屋の空気は，1 m³に最大で何 g の水蒸気をふくむことができるか。（　　　　g）

□ ❹ この部屋の空気の湿度は何％か。小数第 1 位まで求めなさい。（　　　　％）

□ ❺ コップの表面にくもりが生じた理由を説明しなさい。
（　　　　　　　　　　　　　　　　）

温度〔℃〕	飽和水蒸気量〔g/m³〕
0	4.8
5	6.8
10	9.4
15	12.8
20	17.3
25	23.1
30	30.4
35	39.6

【飽和水蒸気量】

❻ 図を見て，次の問いに答えなさい。

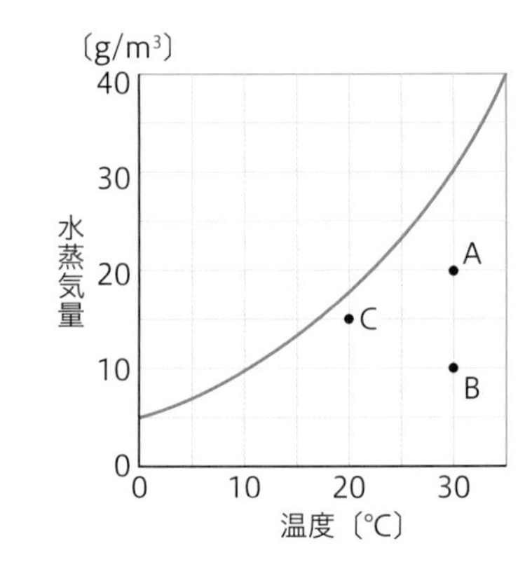

□ ❶ 空気 1 m³中にふくむことのできる水蒸気量の最大値を何というか。（　　　　）

□ ❷ 温度が30 ℃で，湿度が70％の空気は，1 m³あたり何 g の水蒸気をふくんでいるか。（　　　　g）

□ ❸ 空気 A～C のうち，湿度がもっとも低い空気はどれか。（　　）

□ ❹ 空気の温度を下げていくとき，もっとも高い温度で水滴ができはじめるのは A～C のどれか。また，それは何℃か。　記号（　　　　）　温度（　　　　℃）

□ ❺ 1 m³の空気 C の温度を10 ℃に下げたとき，何 g の水滴ができるか。（　　　　g）

ヒント　❺❸表より読みとる。

ミスに注意　❻❸水蒸気量が多い＝湿度が高いではないことに注意する。

[解答▶p.7]

Step 1 基本チェック

3章 天気の変化と大気の動き

10分

赤シートを使って答えよう！

❶ 風がふくしくみ

▶ 教 p.96-98

- □ 気圧が等しいところをなめらかな曲線で結んだものを［等圧線］という。また，気圧の分布のようすを［気圧配置］という。
- □ 等圧線が閉じていて，まわりより気圧が高くなっているところを［高気圧］，気圧が低くなっているところを［低気圧］という。
- □ 等圧線や気圧配置，各地の天気や風などの記録を地図上に記入したものを［天気図］という。

❷ 大気の動きによる天気の変化

▶ 教 p.99-107

- □ 性質が一様で大規模な大気のかたまりを［気団］という。
- □ 冷たい気団とあたたかい気団が接する境界面を［前線面］，その境界面と地面が交わる線を［前線］という。
- □ 前線があまり動かず，ほとんど同じ場所に停滞する前線を［停滞前線］という。
- □ 中緯度で発生する低気圧を温帯低気圧という。温帯低気圧は西側に［寒冷前線］，東側に［温暖前線］をともなう。また，寒冷前線が温暖前線に追いついてできる前線を［閉塞前線］という。
- □ 寒冷前線が通過すると，［短い］時間に強いにわか雨が降る。風向は［北］よりに変わり，気温は［下がる］。

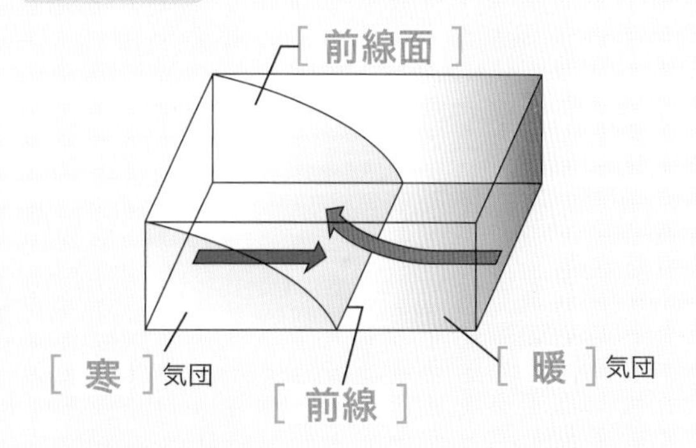

□ 前線面と前線

記号	名前
(半円の記号)	［温暖前線］
(三角の記号)	［寒冷前線］
(半円と三角が交互に反対側の記号)	［停滞前線］
(半円と三角が同じ側の記号)	［閉塞前線］

□ 前線の記号

❸ 地球規模での大気の動き

▶ 教 p.107-109

- □ 日本付近の低気圧や移動性高気圧は，日本上空にふく［偏西風］の影響で，［西］から［東］へ移動している。

テストに出る　前線が通過したときの天気や気温の変化はよく出る。

Step 2 予想問題 3章 天気の変化と大気の動き

20分
(1ページ10分)

【気圧の差と風】

❶ 図は，ある日の日本付近の天気図である。これを見て，次の問いに答えなさい。

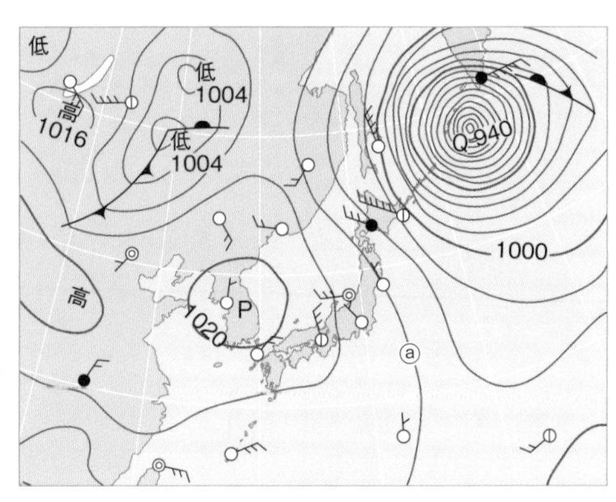

□ ❶ P地域とQ地域とでは，どちらが風が強くふいているか。 (　　地域)

□ ❷ P地域とQ地域での空気の動きは，それぞれどのようになっているか。次の㋐～㋓から1つずつ選び，記号で答えなさい。

P地域(　　)　Q地域(　　)

㋐ 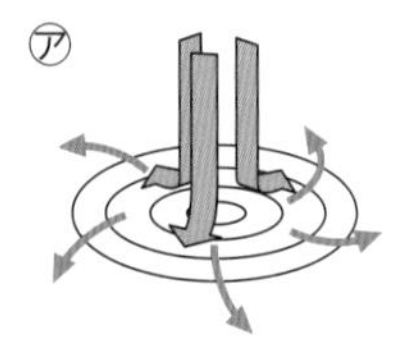
㋑ 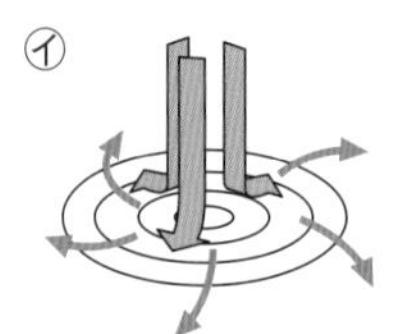
㋒ 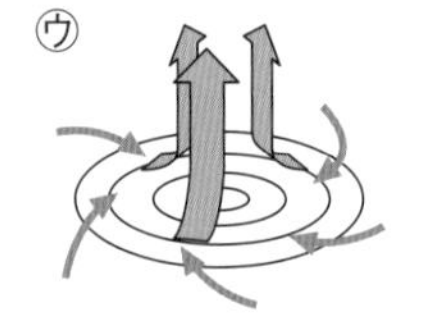
㋓ 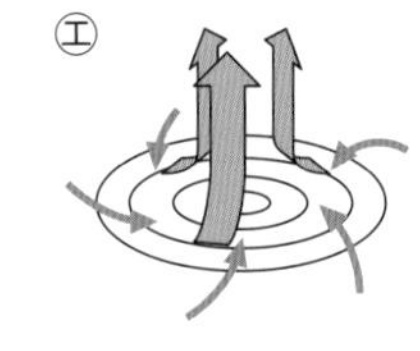

□ ❸ P地域とQ地域では，どちらが高気圧の中心か。 (　　地域)

□ ❹ 晴れているとすれば，P地域とQ地域のどちらか。 (　　地域)

□ ❺ ⓐの等圧線は何hPaか。 (　　)

【気団と前線】

❷ 図は，低気圧にともなう前線のようすである。これについて，次の問いに答えなさい。

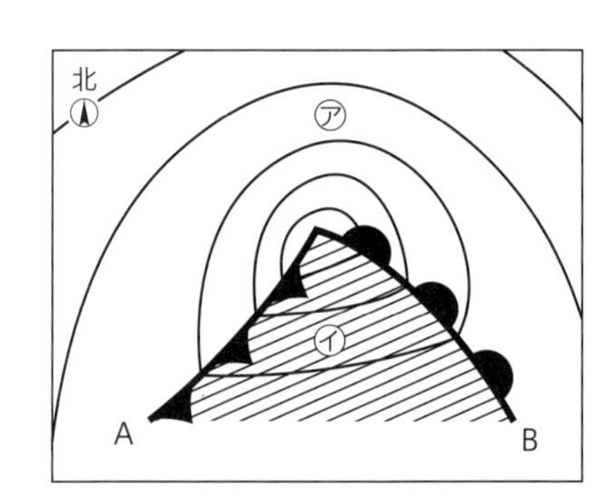

□ ❶ 図のA，Bの前線をそれぞれ何というか。

A(　　)　B(　　)

□ ❷ 暖気は㋐，㋑のどちらか。 (　　)

□ ❸ Aの前線がBの前線に追いついたときにできる前線を何というか。 (　　)

□ ❹ 寒気と暖気の勢力が同じくらいのとき，前線はあまり動かない。このような前線を何というか。 (　　)

ヒント ❶❷❹低気圧の付近は上昇気流ができるため，雲が発生しやすい。

ミスに注意 ❶❺太い等圧線から計算する。足すのか引くのかまちがわないようにしよう。

[解答▶p.8]

【 前線と天気　地球規模での大気の動き 】

❸ 図は，ある日の8時から20時までの，気温と気圧の変化を調査してグラフにまとめたものである。次の問いに答えなさい。

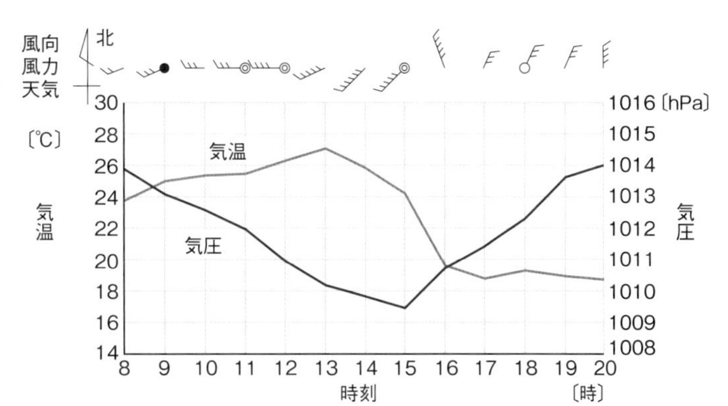

□ ❶ グラフから，ある前線が観測地点を通過したことがわかる。この前線を何というか。

（　　　　　　）

□ ❷ ❶のように判断した理由を2つ，簡単に書きなさい。

（　　　　　　）
（　　　　　　）

□ ❸ ❶の前線の断面図は，どのようになっているか。㋐～㋓から選び，記号で答えなさい。（　　）

□ ❹ ❶の前線について

① 前線付近で発達する雲はどれか。㋐～㋓から選び，記号で答えなさい。（　　）

㋐ 高層雲　　㋑ 積乱雲　　㋒ 巻雲　　㋓ 乱層雲

② ❶の前線が通過したときの雨の降る時間と降り方について，簡単に書きなさい。（　　　　　　）

□ ❺ 図のように気温や気圧，天気が変化したのは，低気圧が観測地点を通過したためである。

① 低気圧はどの方角からどの方角へ移動するものが多いか。㋐～㋓から選び，記号で答えなさい。（　　）

㋐ 東から西　　㋑ 西から東　　㋒ 北から南　　㋓ 南から北

② ①と同じ動きをする高気圧を何というか。

（　　　　　　）

③ このように，低気圧や高気圧が移動するのは，日本の上空に1年中，強い風がふいているからである。この風を何というか。

（　　　　　　）

「乱」の字がつく雲は，雨や雪を降らせるよ。

ヒント ❸❸冷たい空気があたたかい空気を押し上げるので，前線面の傾きが急である。

ミスに注意 ❸❹雨の降る時間と降り方という2つを書くこと。

Step 1 基本チェック　4章 大気の動きと日本の四季

10分

赤シートを使って答えよう！

❶ 陸と海の間の大気の動き

▶ 教 p.111-112

- □ 海は，陸よりもあたたまりにくく，冷めにくい。晴れた日の昼には，陸上に［上昇］気流ができ，気圧が低くなる。その結果，気圧の高い海から陸に向かって［海風］がふくことがある。
- □ 晴れた日の夜の海岸付近では，日中とは逆に陸から海に向かって［陸風］がふくことがある。
- □ 日本では，冬に北西の，夏に南東の［季節風］がふく。

❷ 日本の四季の天気

▶ 教 p.113-121

- □ 冬になると，大陸には冷たく乾燥した［シベリア］気団が発達し，［西高東低］の冬型の気圧配置となる。
- □ 春や秋には，偏西風の影響で，低気圧と［移動性高気圧］が交互に通過し，天気が周期的に変化する。
- □ 6月や9月ごろは，冷たい［オホーツク海］気団と，あたたかい［小笠原］気団が接して，停滞前線の［梅雨］前線や秋雨前線ができる。

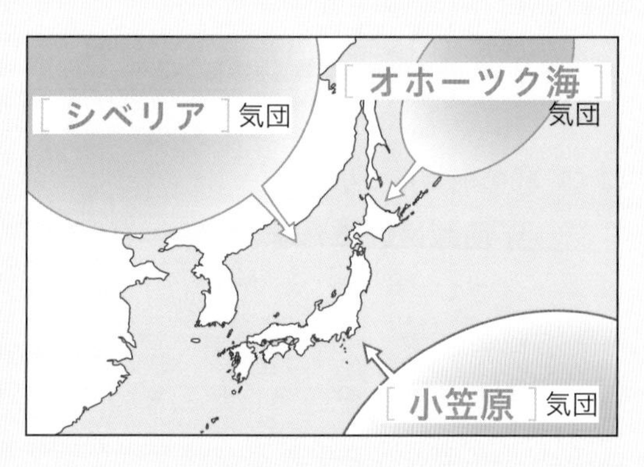

□ 日本付近で発達する気団

- □ 夏には，［小笠原］気団が発達して日本をおおう。あたたかく湿った南東の季節風がふき，蒸し暑い日が続く。
- □ 熱帯地方の海上で発生した［熱帯低気圧］は，発達して台風となる。台風の等圧線はほぼ同心円状で［前線］をともなわない。

❸ 天気の変化がもたらす恵みと災害

▶ 教 p.122-124

- □ 豊富な［水］を，農業や工業，発電などに利用している。
- □ 冬の大雪やなだれ，豪雨による災害や熱中症などのほかに，［積乱雲］の急速な発達によって，短時間に局地的大雨を生じて被害をおよぼしたりする。

テストに出る　季節によってふく風や，気圧配置の特徴は覚えておこう。

Step 2 予想問題　4章 大気の動きと日本の四季

【陸風・海風】

❶ 図は，よく晴れた夏の日の海岸地方における昼の風のふき方を説明するための模式図である。

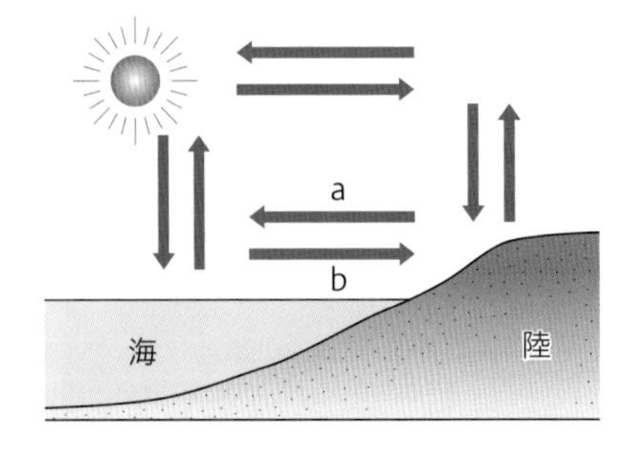

□ ❶ このとき，陸と海とではどちらが温度が高くなるか。（　　）

□ ❷ 上昇気流が生じるのは，陸と海のどちら側か。（　　）

□ ❸ このときの地表付近の風の向きは，図のa，bのどちらか。（　　）

□ ❹ ❸の風を何というか。（　　）

□ ❺ 夜間は，図のa，bのどちら向きに風がふくか。（　　）

【日本付近の気団】

❷ 図は，日本付近の気団を示している。

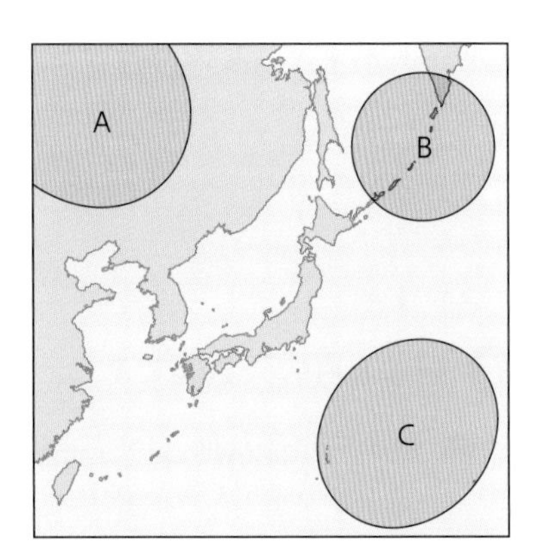

□ ❶ 冬の天気に影響を与える気団は，A～Cのどれか。（　　）

□ ❷ ❶の気団は何というか。（　　）

□ ❸ 春や秋に，大陸の高気圧から離れて日本付近を通る高気圧を何というか。（　　）

□ ❹ ❸の高気圧におおわれると，次の㋐～㋓のどの天気になるか。（　　）

㋐ 蒸し暑い晴天が続く。
㋑ さわやかな晴天になるが，夜間は冷えこむ。
㋒ 日本海側に雪をもたらす。　　㋓ 雨の日のぐずついた天気が続く。

□ ❺ 秋の気象について，次の文の（　）にあてはまる言葉を入れなさい。

秋には（①　　　）気団がおとろえると，（②　　　）前線による秋雨が降るようになる。その後，❸の高気圧と（③　　　）が交互に通過するようになるため，天気は周期的に変化する。

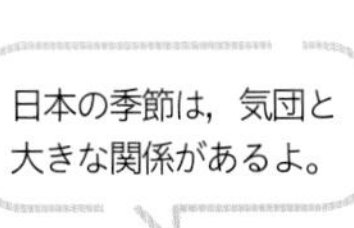

ヒント　❶❶陸はあたたまりやすく冷めやすい。海はあたたまりにくく，冷めにくい。

ミスに注意　❷❸気団と高気圧の名前をまちがえないようにしよう。

［解答▶p.9］

【冬の天気】

❸ 図は，冬の季節風（きせつふう）がふくようすを模式的に表したものである。

□ ❶ シベリア気団の特徴（とくちょう）を，次の㋐～㋓から選び，記号で答えなさい。（　　）

㋐ あたたかく乾燥（かんそう）している。

㋑ 冷たく乾燥している。

㋒ あたたかく湿（しめ）っている。

㋓ 冷たく湿っている。

□ ❷ ❶のような性質をもつ気団が，日本海を渡るときに性質が変わる。日本海を渡るときにどのようなことが起こるか。簡単に書きなさい。

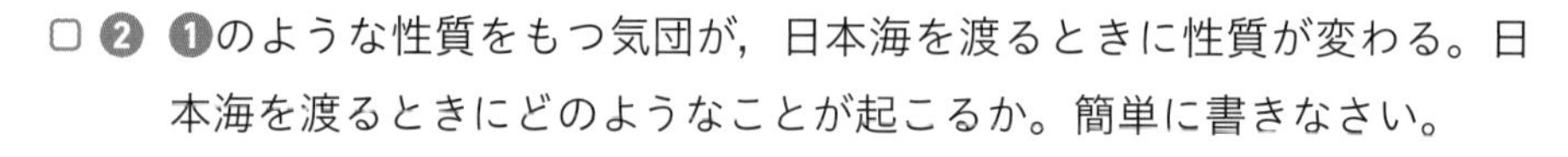

（　　　　　　　　　　　　　　　　　　　　）

□ ❸ a，bの地域の天気はどのようになるか，それぞれ簡単に書きなさい。

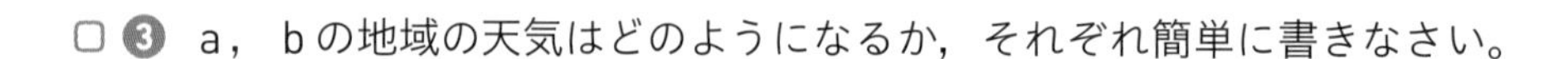

a（　　　　　　　　　　　　　　　　　　　　）

b（　　　　　　　　　　　　　　　　　　　　）

□ ❹ 冬の気圧配置（きあつはいち）は，右の㋐，㋑のどちらか。（　　）

□ ❺ ❹のような気圧配置を何の気圧配置というか。（　　　　　　の気圧配置）

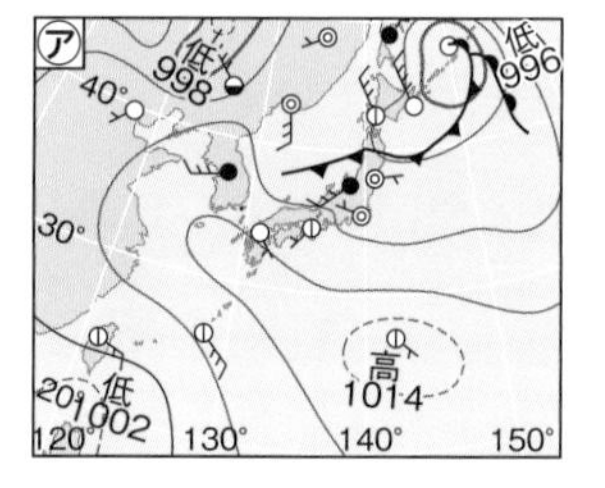

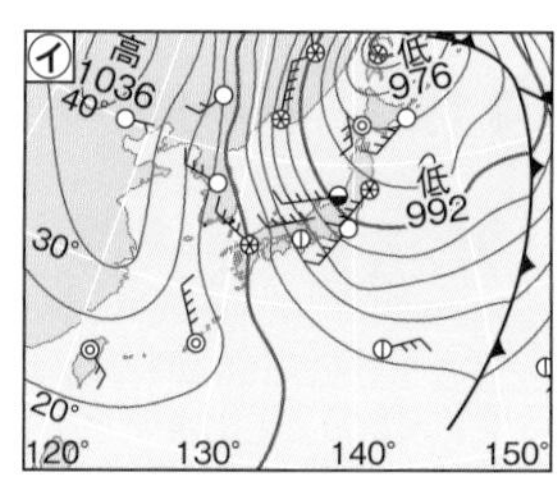

【つゆ】

❹ 図は6月の天気図である。

□ ❶ 右の天気図は何という時期に見られるか。（　　　）

□ ❷ 図のAの前線を何というか。（　　　　　）

□ ❸ 気団Bと気団Cの性質をそれぞれ答えなさい。

気団B（　　　　　　　　　　　　　　　　）

気団C（　　　　　　　　　　　　　　　　）

□ ❹ この時期，どのような天気の日が多くなるか。

（　　　　　　　　　　　　　　　　）

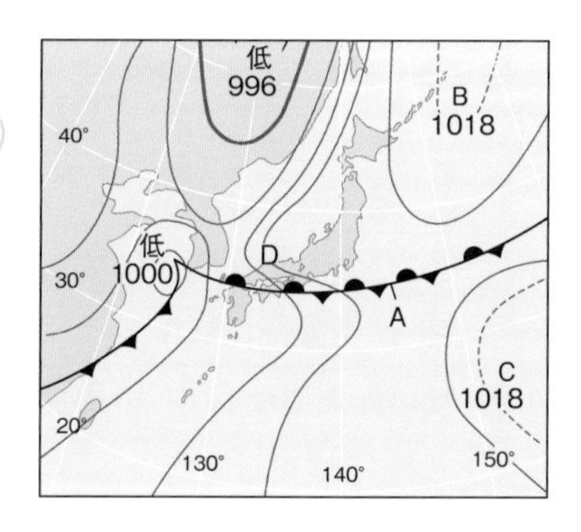

ヒント ❸❶シベリア気団は北の大陸で発達する気団である。

[解答▶p.9]

【台風】

❺ 台風について，次の問いに答えなさい。

□ ❶ 台風には前線があるか。（　　　　）

□ ❷ 台風のとき，その中心に向かって大量の空気が流れこむので，強い風がふく。ここに流れこむ風はどんな気流になるか。（　　　　）

□ ❸ 台風のとき，何という雲が発生するか。（　　　　）

□ ❹ 台風はどこで発生するか。（　　　　）

□ ❺ 日本付近を通る台風の多くは，いつごろ発生するか。次の㋐〜㋒から1つ選び，記号で答えなさい。（　　）

㋐ 冬から初夏　　㋑ 夏から秋　　㋒ 秋から冬

□ ❻ 台風は，発生後最初は北西に向かって進み，その後，北東に進路を変えることが多い。これは，ある高気圧のふちに沿って進むからである。この高気圧は何高気圧か。（　　　　高気圧）

□ ❼ 台風による被害を，2つ書きなさい。

（　　　　）（　　　　）

【日本の四季】

❻ 次の4つの天気図は，日本付近の代表的な気圧配置を表したものである。これを見て，次の問いに答えなさい。

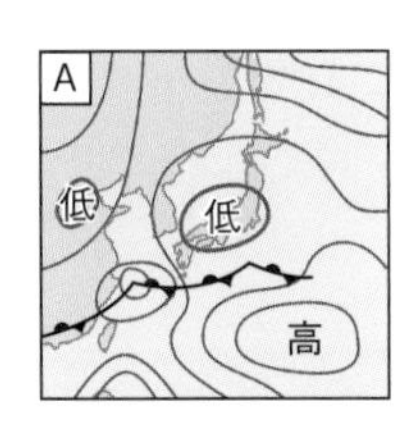

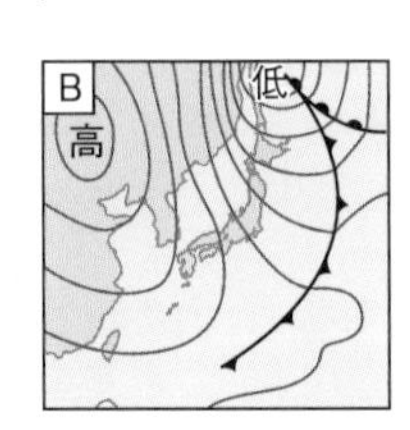

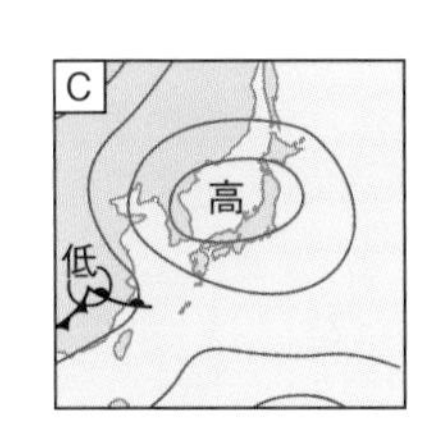

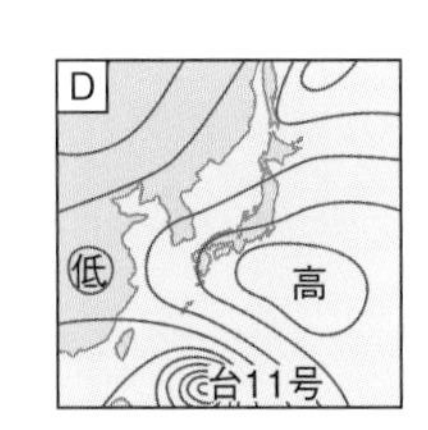

□ ❶ A〜Dの天気図は，次のどの時期のものか。A〜Dの記号で答えなさい。

① 春と秋（　　）　② 夏（　　）　③ 夏の前後（　　）

④ 冬（　　）

□ ❷ 図Aの前線ができるのに関係する2つの気団は何か。

（　　　　）（　　　　）

□ ❸ 図Cの高気圧は何というか。（　　　　）

ヒント ❻❶特徴的な気圧配置と前線は，季節ごとにまとめておこう。

Step 3 予想テスト　地球の大気と天気の変化

30分　　/100点　目標 70点

❶ 図は，温度と水蒸気量の関係を表したものである。次の問いに答えなさい。ただし，現在の空気 1 m³には12.8 gの水蒸気がふくまれているものとする。 技

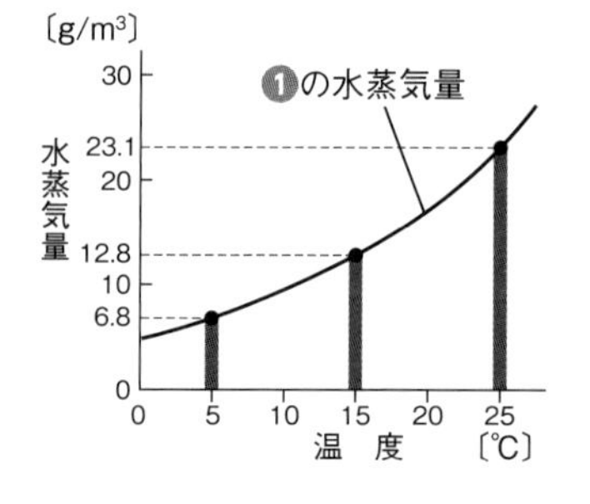

□ ❶ 空気 1 m³にふくむことができる最大の水蒸気量を何というか。

□ ❷ 温度が25 ℃のときの湿度を求めなさい。ただし，小数第 1 位を四捨五入して整数で答えなさい。

□ ❸ 温度が25 ℃の現在の空気 1 m³は，さらに何 g の水蒸気をふくむことができるか。

□ ❹ 温度が25 ℃の現在の空気を冷やしていくと，何℃のとき露点に達するか。

□ ❺ ❹からさらに空気を 5 ℃まで冷やしたとき，空気 1 m³あたり何 g の水滴ができるか。

❷ 図は，ある日の天気図に見られた低気圧と前線である。次の問いに答えなさい。

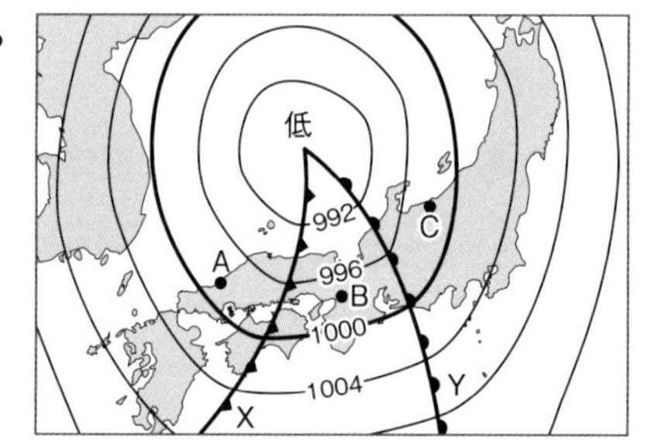

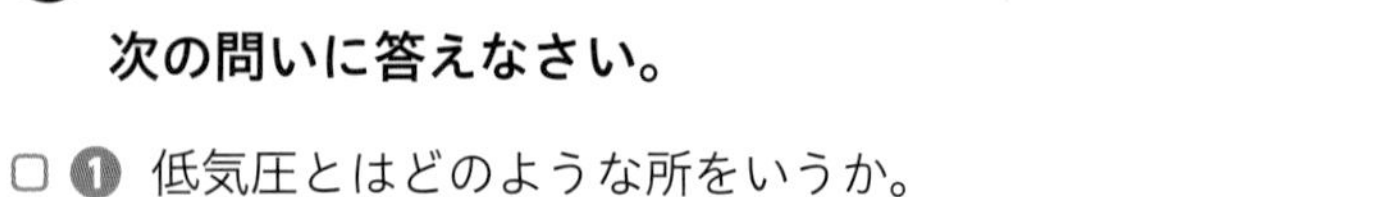

□ ❶ 低気圧とはどのような所をいうか。

□ ❷ X，Y の前線をそれぞれ何というか。

□ ❸ 前線面にゆるやかな上昇気流が生じ，層状の雲ができるのは，X，Y の前線のどちらか。

□ ❹ 図の A ～ C の各地点で，暖気におおわれているところを選び，記号で答えなさい。

□ ❺ B 地点の風向として考えられるものを，次の㋐～㋓から選び，記号で答えなさい。

㋐ 南東　　㋑ 南西　　㋒ 北東　　㋓ 北西

□ ❻ 図の低気圧はおよそどの方位からどの方位に移動するか。次の㋐～㋓から選び，記号で答えなさい。

㋐ 西から東　　㋑ 東から西　　㋒ 北から南　　㋓ 南から北

❸ A ～ C の図は，日本の各季節の天気図である。次の問いに答えなさい。

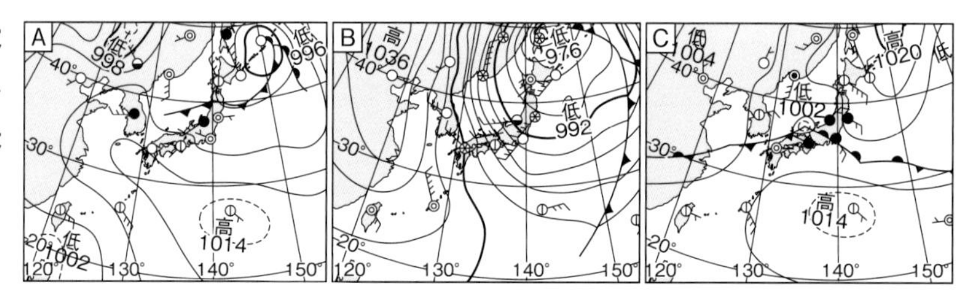

□ ❶ A～Cのような天気図が見られる季節はいつごろか。次の㋐～㋓から選び，記号で答えなさい。

㋐ 春　秋　　㋑ つゆ（梅雨）　　㋒ 夏　　㋓ 冬

□ ❷ A～Cのような天気図のとき，日本付近ではどのような天気が続くか。次の㋐～㋓から選び，記号で答えなさい。

㋐ 蒸し暑い日が続く。　　㋑ 雨やくもりの日が続くようになる。

㋒ 日本海側では雪になる。　　㋓ 天気が短い周期で変わる。

□ ❸ Bの天気図では，低気圧が東にあり，西に高気圧がある。この気圧配置を何というか。

□ ❹ Cの天気図で，日本付近に見られる前線を何というか。

❹ 図は，24時間ごとの連続した天気図である。次の問いに答えなさい。 思

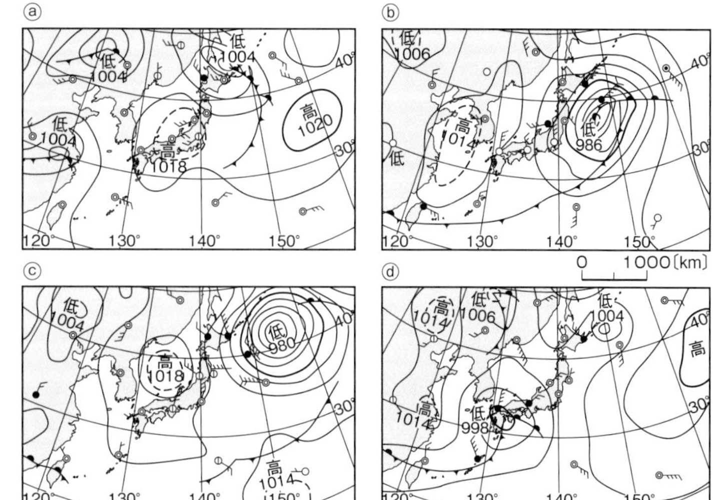

□ ❶ ⓐの天気図は，5月3日のものである。5月4日，5日，6日の順に天気図を並べなさい。

□ ❷ 低気圧は，どの方位からどの方位に移動しているか。

点UP □ ❸ 低気圧は，1日にどれくらいの距離を移動しているか。

□ ❹ ⓑの天気図で，東経120°北緯30°付近にある高気圧について正しく説明しているものを次からすべて選び，記号で答えなさい。

㋐ この高気圧は移動性である。　　㋑ 東から西に移動している。

㋒ 大規模な高気圧で，ほとんど動かない。　　㋓ 発達すると前線をもつ。

㋔ この高気圧におおわれると，夜間に冷えこむことがある。

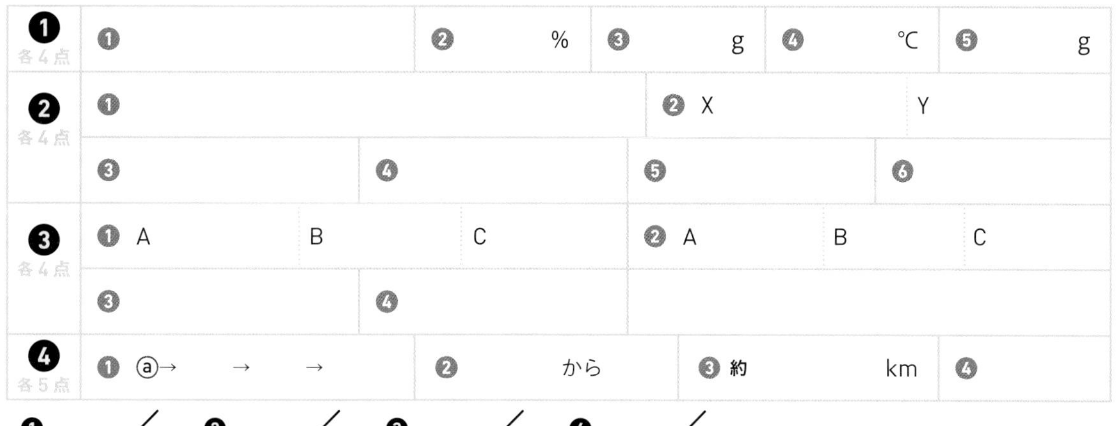

❶ 各4点	❶	❷ %	❸ g	❹ ℃	❺ g
❷ 各4点	❶	❷ X	Y		
	❸	❹	❺	❻	
❸ 各4点	❶ A	B	C	❷ A	B　C
	❸	❹			
❹ 各5点	❶ ⓐ→　→　→	❷ から	❸ 約 km	❹	

❶ ／20点　❷ ／28点　❸ ／32点　❹ ／20点

[解答▶p.11]

Step 1 基本チェック 1章 物質の成り立ち

10分

赤シートを使って答えよう！

❶ 物質を加熱したときの変化

▶ 教 p.143-150

□ 炭酸水素ナトリウムを加熱すると，液体の［ 水 ］と気体の［ 二酸化炭素 ］と固体の［ 炭酸ナトリウム ］に分かれる。

□ 酸化銀を加熱すると気体の［ 酸素 ］が発生し，銀が残る。

□ 異(こと)なる性質の物質ができる変化を，［ 化学変化(かがくへんか) ］または化学反応(かがくはんのう)という。

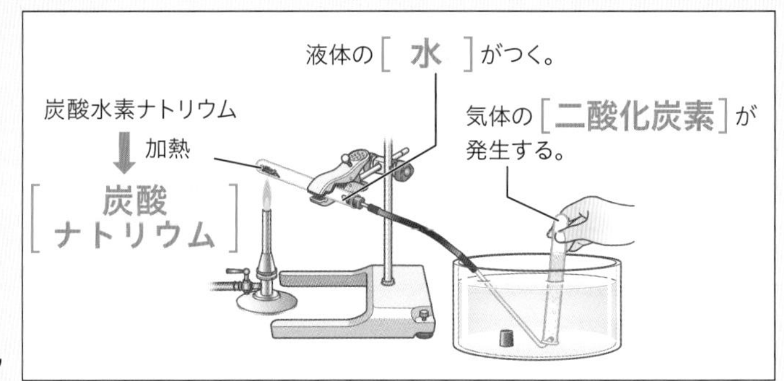

□ 炭酸水素ナトリウムを加熱したときの変化

□ 1種類の物質が2種類以上の物質に分かれることを［ 分解(ぶんかい) ］という。特に，熱による分解を［ 熱分解(ねつぶんかい) ］という。

❷ 水溶液に電流を流したときの変化

▶ 教 p.151-154

□ 電流を流して物質を分解することを［ 電気分解(でんきぶんかい) ］という。

□ 水に電流を流して分解すると，陽極(ようきょく)側に［ 酸素 ］が発生し，陰極(いんきょく)側に［ 水素 ］が発生する。

□ 塩化銅水溶液に電流を流して分解すると陽極側に気体が発生し，陰極側に赤色の［ 銅 ］が付着する。

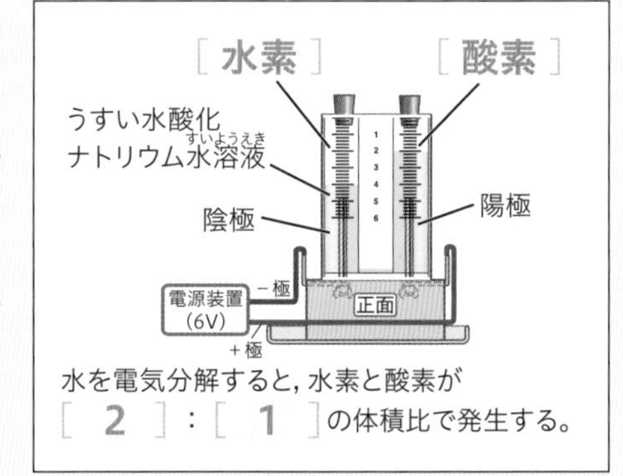

□ 水に電流を流したときの変化

❸ 物質のもとになる粒子

▶ 教 p.155-156

□ 化学変化でそれ以上分けることができない粒子(りゅうし)を［ 原子(げんし) ］とよび，種類によってその質量や［ 大きさ ］が決まっている。また，化学変化で新しくできたり，［ 種類 ］が変わったり，なくなったりしない。

❹ 原子が結びついてできる粒子

▶ 教 p.157-160

□ 原子がいくつか結びついたものを［ 分子(ぶんし) ］という。

テストに出る　実験の操作の注意点や，実験の結果，何が発生するかがよく出る。

Step 2 予想問題 1章 物質の成り立ち

20分
(1ページ10分)

【炭酸水素ナトリウムを加熱したときの変化】

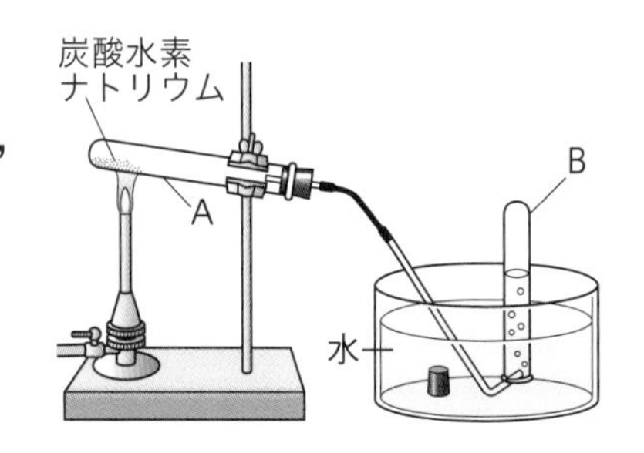

❶ 図のような装置を使って，炭酸水素ナトリウムを加熱し，生じた気体について調べた。これについて，次の問いに答えなさい。

□ ① 試験管Bにたまった気体は，最初の1本分を捨てて2本目の気体から実験に使用した。この理由を簡単に書きなさい。（　　　　）

□ ② 気体を集めた試験管Bに石灰水を入れ，よく振ったところ，石灰水はどうなるか。また，この結果から，集まった気体は何か。
石灰水の変化（　　　　）　気体名（　　　　）

□ ③ 試験管A内の口のあたりが少しくもり，液体がたまった。この液体に青色の塩化コバルト紙をつけると何色になるか。（　　　　）

□ ④ ③より，試験管A内の口あたりにたまった液体は何か。（　　　　）

□ ⑤ 試験管Aは，口を底よりも下げて固定した。この理由を簡単に説明しなさい。（　　　　）

□ ⑥ 試験管A内に残った白い粉末を水にとかし，フェノールフタレイン溶液を数滴加えた。色の変化を答えなさい。（　　　　）

□ ⑦ 試験管A内に残った白い粉末は何か。（　　　　）

□ ⑧ この実験では，気体の発生が終わったら，ガスバーナーの火を消す前に試験管Bからガラス管をぬいておく。その理由を簡単に説明しなさい。
（　　　　）

【酸化銀の加熱】

❷ 黒色の酸化銀を加熱したときの結果について述べた次の文の，（　）

□ にあてはまる言葉を書きなさい。

酸化銀を加熱すると，金属の（①　　　　）と気体の（②　　　　）に分かれる。1種類の物質から2種類以上の物質が生じるこのような化学変化を（③　　　　）といい，加熱による③を（④　　　　）という。

ヒント ❶⑤⑧熱いガラスが急に冷やされると，割れるおそれがある。

ミスに注意 ❶⑤⑧このような実験では，何のための操作か，正しく覚えておく。

【水の電気分解】

❸ 図のような簡易電気分解装置を使って，水を電気分解した。これについて，次の問いに答えなさい。

ゴム栓
目盛り
ステンレス電極
電極A 陽極側
電極B 陰極側
電源装置(6V)
正面

□ ❶ 電気分解装置に入れる水には，少量の水酸化ナトリウムを加える。この理由を，簡単に書きなさい。
（　　　　　　　　　　　　　　　　）

□ ❷ 電極Aに発生した気体と電極Bに発生した気体はそれぞれ何か。
電極A（　　　　）　電極B（　　　　）

□ ❸ 電極Aに発生した気体と電極Bに発生した気体の体積比を書きなさい。
電極Aの気体：電極Bの気体（　　　：　　　）

【塩化銅水溶液の電気分解】

❹ 図のような装置で，青色の塩化銅水溶液に一定の電圧で電流を流した。この実験について，次の問いに答えなさい。

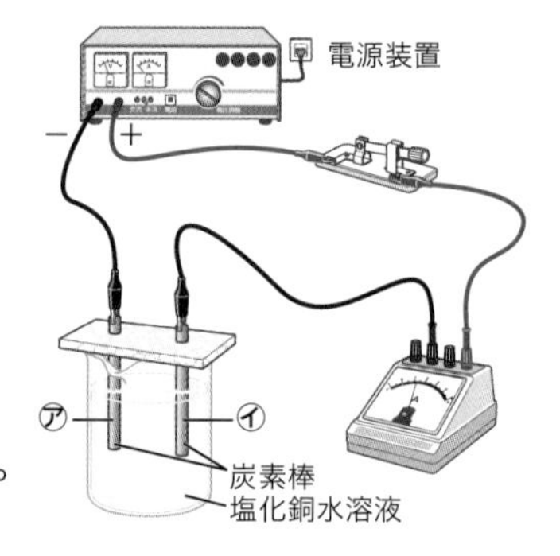

□ ❶ 気体が発生した電極は，㋐，㋑のどちらか。（　　　）

□ ❷ ❶の気体はどんなにおいがするか。（　　　　）

□ ❸ ❶の気体は何か。（　　　　）

□ ❹ もう一方の電極の表面にある物質が付着した。この物質は何か。
（　　　　　　）

【原子と分子】

❺ 原子と分子について，次の問いに答えなさい。

□ ❶ 次の①～③について，原子の性質にあてはまるものにはA，分子にあてはまるものにはB，両方にあてはまるものにはCをそれぞれ書きなさい。
①（　　　）　②（　　　）　③（　　　）

① 物質の性質を示すいちばん小さい粒。
② 状態変化では，そのものは変わらない。
③ 化学変化では，それ以上分けられない。

状態変化とは，物質が，固体，液体，気体の間で状態を変えることだよ。

□ ❷ 次の物質のうち，分子をつくらないものをすべて選び，記号で書きなさい。（　　　）
㋐ 水　㋑ 塩化ナトリウム　㋒ アンモニア　㋓ 銀

ヒント ❺❶化学変化と状態変化のちがいを，正しく理解しよう。

[解答▶p.12]

Step 1 基本チェック 2章 物質の表し方

10分

赤シートを使って答えよう！

❶ 物質を表す記号 ▶ 教 p.163-165

元素記号はギリシャ語やラテン語，英語の元素名の頭文字（かしらもじ）からとったものが多いよ。

- □ 物質を構成する原子の種類を［元素］という。
- □ 元素を表すために，［アルファベット］の大文字1文字か，大文字と小文字の2文字で表される記号を［元素記号］という。
- □ 元素を原子番号の順に並べて 原子の性質を整理した表を元素の［周期表］という。

❷ 物質を表す式 ▶ 教 p.167-169

- □ 物質を元素記号と数字で表したものを［化学式］という。
- □ 分子は，原子の種類を原子の［元素記号］で表し，同じ原子はまとめて，その数を［右下］に小さく書く。例えば，水分子は［H_2O］。

□ **分子の表し方**

水分子

Hは2個
Oは1個

HOH ← ❶ 分子をつくっている原子を，それぞれ元素記号で表す。

H_2O_1 ← ❷ 結びついている原子の数は，元素記号の右下に数字を小さくつけて示す。

H_2O ← ❸ 原子が1個のときは，右下の数字の1は省略する。

- □ 純粋な物質のうち，1種類の元素からなる物質を［単体］という。例えば，酸素（O_2），水素（H_2），銀（Ag）など。
- □ 2種類以上の元素からなる物質を［化合物］という。例えば，水（H_2O），アンモニア（NH_3），二酸化炭素（CO_2）など。

❸ 化学変化を表す式 ▶ 教 p.170-173

- □ 化学変化を化学式で表したものを［化学反応式］という。
- □ 化学反応式では，反応前の物質は ⟶ の［左］に，反応後の物質は［右］に化学式で書き，原子の種類と数が等しくなるようにする。
- □ 水の電気分解は，$2H_2O \longrightarrow 2H_2 +$［$O_2$］で示す。
- □ 酸化銀の熱分解は，$2Ag_2O \longrightarrow$［$4Ag$］$+ O_2$で示す。
- □ 炭酸水素ナトリウムの熱分解は，$2NaHCO_3 \longrightarrow Na_2CO_3 +$［$CO_2$］$+ H_2O$で示す。

教科書に出てくる実験の化学反応式は，書けるようにしておこう。

物質

Step 2 予想問題 2章 物質の表し方

【物質を表す記号】

❶ 表の空欄(くうらん)に適する元素(げんそ)名や元素記号を書き，表を完成させなさい。

□

元素名	元素記号	元素名	元素記号	元素名	元素記号
水素	①	⑤	Cl	硫黄(いおう)	⑩
酸素	②	⑥	Na	カルシウム	⑪
窒素(ちっそ)	③	マグネシウム	⑦	鉄	⑫
炭素	④	銅	⑧	⑨	Ag

【分子からできていない物質の表し方】

❷ 次にあげた物質を，化学式(かがくしき)で表しなさい。

□ ❶ それぞれの原子が多数集まって物質をつくっているもの。

㋐銀（　　　）　㋑鉄（　　　）　㋒炭素（　　　）　㋓硫黄（　　　）

□ ❷ それぞれの原子が，一定の割合(わりあい)で多数集まって物質をつくっているもの。

㋐ 塩化ナトリウムは，ナトリウム原子と塩素原子が１：１の割合で交互(こうご)に並(なら)んで物質をつくっている。（　　　）

㋑ 酸化マグネシウムは，マグネシウム原子と酸素原子が１：１の割合で交互に並んで物質をつくっている。（　　　）

㋒ 酸化銅は，銅原子と酸素原子が１：１の割合で交互に並んで物質をつくっている。（　　　）

【単体(たんたい)と化合物(かごうぶつ)】

❸ 単体と化合物について，次の問いに答えなさい。

□ ❶ 単体は，何種類の原子からできているか。（　　　）

□ ❷ 化合物は，何種類の原子からできているか。（　　　）

□ ❸ 次の物質を化学式で表しなさい。

① 二酸化炭素（　　　）　② 金（　　　）

③ 亜鉛(あえん)（　　　）　④ 水素（　　　）

⑤ 塩化ナトリウム（　　　）　⑥ 酸化銅（　　　）

□ ❹ ❸の①～⑥の物質から，単体と化合物をそれぞれすべて選びなさい。

単体（　　　）　化合物（　　　）

ヒント ❷分子(ぶんし)をつくらない物質は，その物質をつくっている元素で表す。

ミスに注意 原子の数を書く位置や，大文字と小文字を正しく書けるようにしよう。

[解答▶p.13]

【 水の電気分解と化学反応式 】

❹ 水の電気分解では，水が分解して水素と酸素になる。

□ ❶ 酸素原子を●，水素原子を○として，分解後のようすを図中に表しなさい。

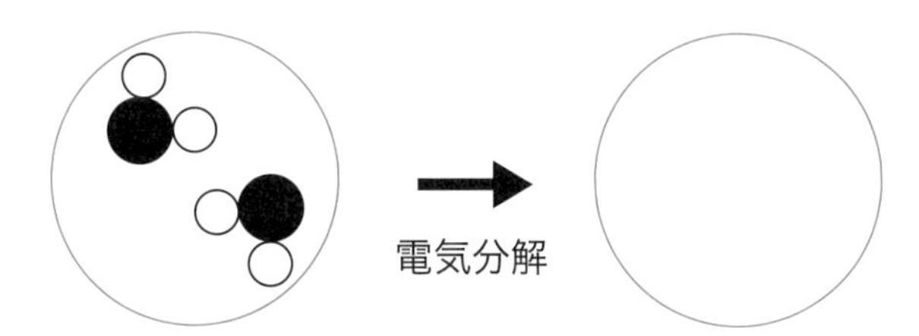

□ ❷ ❶をもとに，水の電気分解を化学反応式で表しなさい。

（　　　　　　　　　　　　　　　　　　　　）

【 化学変化と化学反応式 】

❺ 図は，物質の化学変化をモデルで示したものである。それぞれ化学反応式で表しなさい。ただし，○は酸素原子，□は銅原子，■は銀原子を表している。

□ ❶ 粉末の銅を加熱すると，酸素と反応して酸化銅になる。

□　□　＋　○○　⟶　□○　□○

（　　　　　　　　　　　　　　　　　　　　）

□ ❷ 酸化銀を加熱すると，分解して銀と酸素ができた。

■○■　■○■　⟶　■　■　■　■　＋　○○

（　　　　　　　　　　　　　　　　　　　　）

【 化学反応式 】

❻ ❶～❹の化学変化を示した化学反応式について，正しいものに○をつけなさい。また，正しくないものについては，その理由を下の㋐，㋑より選び，記号で答えなさい。

□ ❶ H_2　＋　O　⟶　H_2O　（　　　）

□ ❷ H_2　＋　O_2　⟶　H_2O　（　　　）

□ ❸ $2Ag_2O$　⟶　$2Ag_2$　＋　O_2　（　　　）

□ ❹ $2NaHCO_3$　⟶　Na_2CO_3　＋　CO_2　＋　H_2O　（　　　）

㋐ 物質の化学式がちがっている。

㋑ 式の左側と右側で，原子の数がちがっている。

化学反応式とは，化学変化を化学式で表したものだよ。

ミスに注意　❺元素記号を正しく覚えよう。また，分子になる物質に注意する。

ヒント　❻化学変化の前後では，原子の数や種類は変化しない。

［解答▶p.13］

Step 1 基本チェック　3章 さまざまな化学変化

赤シートを使って答えよう！

❶ 物質どうしが結びつく変化

▶ 教 p.175-179

□ 鉄と硫黄(いおう)の混合物を加熱すると，黒色の［ 硫化鉄(りゅうかてつ) ］ができる。Fe＋S ⟶ ［ FeS ］

□ 硫黄を加熱して発生させた蒸気の中に銅線を入れると，黒色のもろい［ 硫化銅(りゅうかどう) ］ができる。Cu＋S ⟶ ［ CuS ］

❷ 物質が酸素と結びつく変化

▶ 教 p.180-182

□ 物質が酸素と結びついて別の物質に変わる変化を［ 酸化(さんか) ］といい，この変化によってできた物質を［ 酸化物(さんかぶつ) ］という。

□ スチールウール（鉄）やマグネシウムの加熱のように，物質が激(はげ)しく熱や光を出しながら酸化される変化を［ 燃焼(ねんしょう) ］という。

❸ 酸化物から酸素をとり除く変化

▶ 教 p.184-186

□ 酸化物から酸素がとり除(のぞ)かれたとき，その物質は［ 還元(かんげん) ］されたという。

□ 物質の酸化と［ 還元 ］は，同時に起こっている。

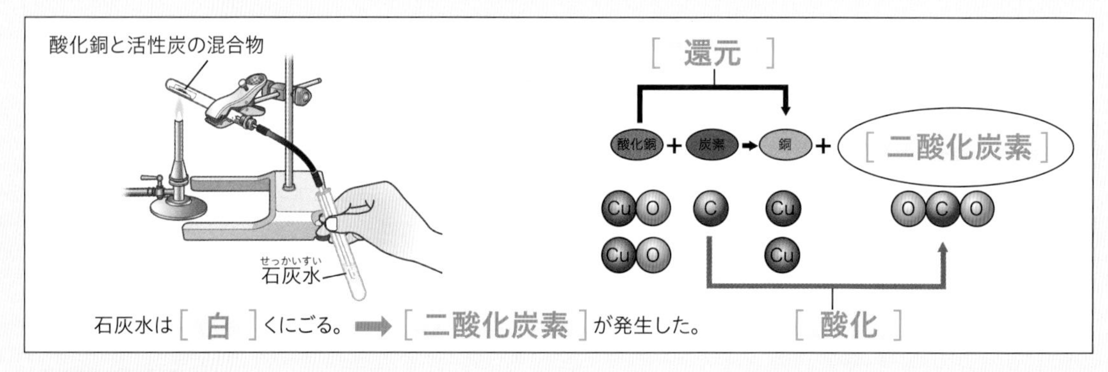

□ 酸化銅の還元

❹ 化学変化と熱の出入り

▶ 教 p.188-190

□ 化学変化のときに熱が発生したために，まわりの温度が上がる反応を［ 発熱反応(はつねつはんのう) ］という。逆に，周囲の熱を吸収(きゅうしゅう)したために，まわりの温度が下がる反応を［ 吸熱反応(きゅうねつはんのう) ］という。

還元された物質と酸化された物質はそれぞれ何か，書けるようにしよう。

Step 2 予想問題 3章 さまざまな化学変化

【 鉄粉と硫黄(いおう)の混合物を加熱したときの変化 】

❶ 硫黄の粉末と鉄粉を乳(にゅう)ばちの中でよく混ぜ合わせ，2本の試験管A，Bに分けとった。試験管Aは，加熱すると赤くなって激(はげ)しく反応した。その後，試験管Aが冷えてから，操作㋐，㋑を行った。試験管Bにも，操作㋐，㋑を行った。下の問いに答えなさい。

［操作］㋐ 試験管に，フェライト磁石(じしゃく)を近づけた。
㋑ 試験管にうすい塩酸を加えたところ，気体が発生した。

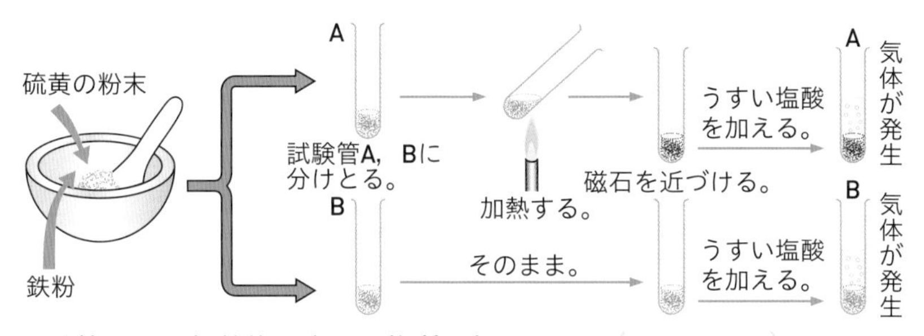

□ ❶ 試験管Aで，加熱後に生じた物質は何か。（　　）

□ ❷ 操作㋑で発生した気体のうち，卵(たまご)の腐(くさ)ったようなにおいがしたのは，試験管Aと試験管Bのどちらか。（　　）

□ ❸ 操作㋑で発生した気体はそれぞれ何か。

試験管A（　　）　試験管B（　　）

□ ❹ この実験を説明した次の文の（　）に，適当な言葉を書きなさい。

試験管Aでは,鉄と硫黄が激しく反応して,その内容物は（①　　）になっている。一方，試験管Bの内容物は，もとの鉄と（②　　）の（③　　）のままである。したがって，試験管Bでは鉄が磁石につくが，反応後の試験管Aでは鉄は別の物質になっているので，磁石につきにくい。

また，うすい塩酸を加えると，試験管Aでは（①）が反応して（④　　）が気体として発生し，試験管Bでは鉄が反応して（⑤　　）が気体として発生した。

□ ❺ 試験管Aを加熱したときの反応を化学反応式(かがくはんのうしき)で表しなさい。

（　　）

ヒント ❶❸AもBも気体が発生するが，卵の腐ったにおいがするのは硫化水素である。

ミスに注意 ❶❺実験の結果から，化学変化の結果何ができたか，つかんでおこう。

［解答▶p.14］

【 物質が酸素と結びつく変化 】

❷ 次の，A，Bの化学変化について，下の文の（　　）に適切な化学式や数値を書きなさい。

A 銅粉を空気中で加熱すると，黒色になり，質量が増加する。これは，銅と酸素が結びついて酸化銅ができたためである。

銅 ＋ 酸素 ⟶ 酸化銅

B マグネシウムを空気中で加熱すると，酸素と結びついて質量が増加し，白い酸化マグネシウムの粉末になる。

マグネシウム ＋ 酸素 ⟶ 酸化マグネシウム

□ A，Bの変化を原子・分子を使って説明すると，次のようになる。

銅原子をCu，酸素原子をOで表すと，酸化銅は銅原子と酸素原子が１：１の割合で結びついているので，Aの変化は次のようになる。

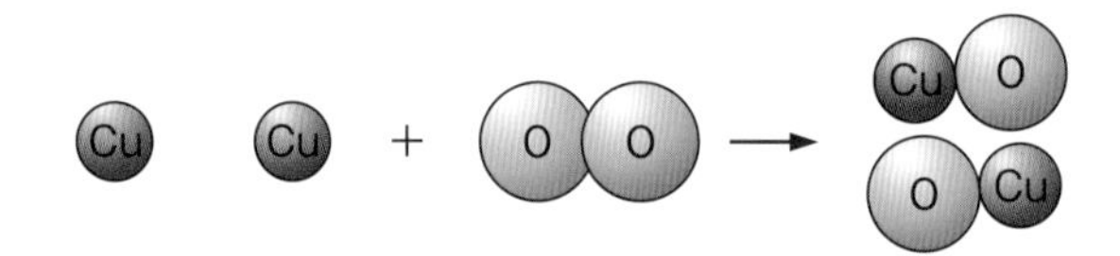

酸化銅の化学式は（㋐　　），酸素は分子だからその化学式は（㋑　　），銅は多くの原子の集まりだからその化学式は（㋒　　）で表される。これらから化学反応式をつくると，

2（㋓　　）＋（㋔　　）⟶（㋕　　）

□ 同じように，マグネシウム原子をMgで表すと，Bは次のようになる。

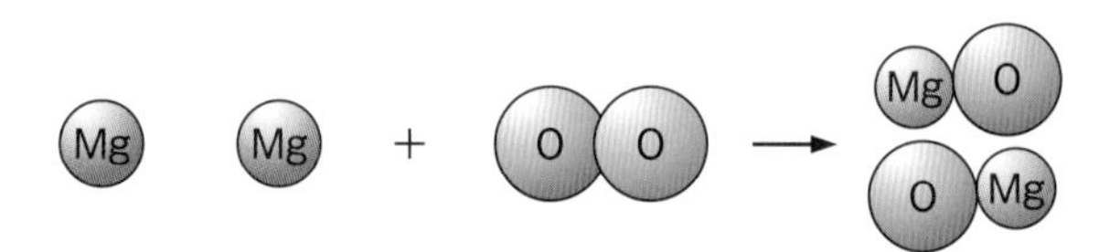

酸化マグネシウムがこのようにかけるのは，酸化マグネシウムが分子をつくらず，マグネシウム原子と酸素原子の数の比が１：（㋖　　）の化合物であることがわかっているからである。したがって，酸化マグネシウムの化学式は（㋗　　）と書ける。また，マグネシウムは多くの原子の集まりである。これらから，マグネシウムと酸素が結びつく化学変化を化学反応式に書くと，

2（㋘　　）＋ O_2 ⟶（㋙　　）となる。

ヒント ❷銅やマグネシウムなどの金属は，分子をつくらない。

［解答▶p.14］

【 酸化物から酸素をとり除く変化 】

❸ 図のような装置で酸化銅と活性炭の混合物を加熱したところ，気体が発生した。

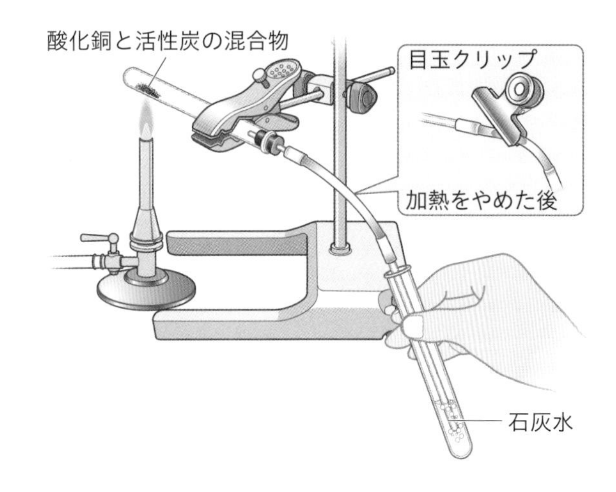

□ ❶ 発生した気体を石灰水に通したところ，どのように変化したか。

（　　　　　　）

□ ❷ 反応が終わったら，ガラス管を石灰水から引きぬき，火を消した後，目玉クリップでゴム管を閉じた。目玉クリップでゴム管を閉じたのはなぜか。理由を簡単に書きなさい。

（　　　　　　　　　　　　）

□ ❸ この実験について，次の文の（　）に適当な言葉を書きなさい。

酸化銅は，活性炭に（①　　　）が奪われて（②　　　）になった。また，活性炭は，酸化銅から（①）を奪って（③　　　　）になった。つまり，酸化銅は（④　　　）され，活性炭は（⑤　　　）されたことになる。（④）と（⑤）は同時に起こる。

【 化学変化と熱の出入り 】

❹ 図1のように，鉄粉と活性炭の混合物に塩化ナトリウム水溶液をしみこませた半紙を入れてよく振り混ぜた。また，図2のように，炭酸水素ナトリウムとクエン酸の混合物に水を少々入れ，よく振り混ぜた。

図1

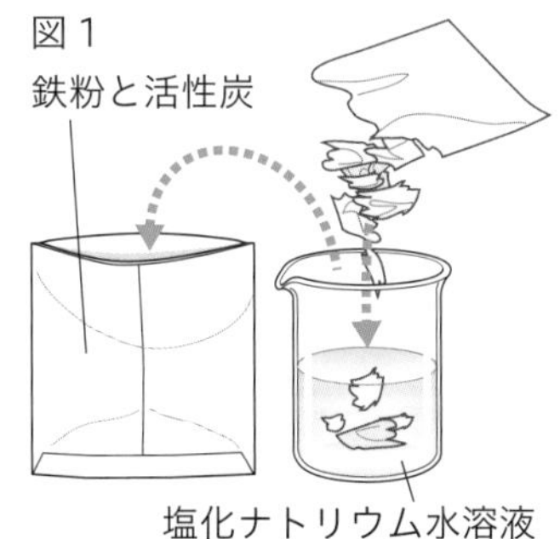

図2

□ ❶ 図1，図2では，温度はどう変化したか。次の㋐～㋒からそれぞれ選び，記号で答えなさい。

図1（　　　）　図2（　　　）

㋐ 上がった。　㋑ 下がった。　㋒ 変化しなかった。

□ ❷ 図1，図2のような温度変化をする反応を，それぞれ何というか。

図1（　　　　　）　図2（　　　　　）

ヒント ❸❸銅より酸素と結びつきやすい物質を使って，酸化銅から酸素をとり除く。

Step 1 基本チェック　4章 化学変化と物質の質量

10分

赤シートを使って答えよう！

❶ 化学変化の前後での物質の質量

▶ 教 p.192-194

□ 密閉した丸底フラスコ内で銅を加熱すると酸化銅になるが，フラスコ全体の［ 質量 ］は，反応の前後で変化しない。

□ 化学変化の前後で，その化学変化に関係している物質全体の質量は［ 変わらない ］。このことを［ 質量保存 ］の法則という。化学変化では，物質をつくる［ 原子 ］の組み合わせは変化しているが，反応の前後では原子の［ 種類 ］と数は変化していないからである。

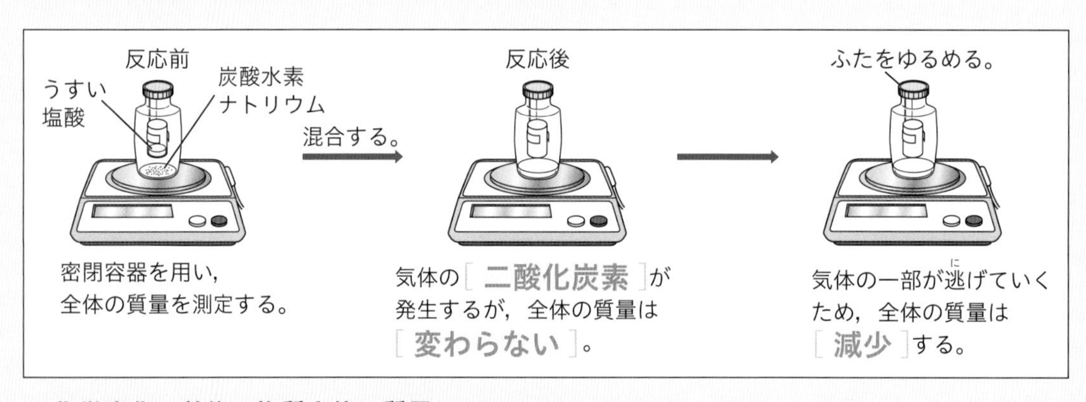

□ 化学変化の前後の物質全体の質量

❷ 反応する物質どうしの質量の割合

▶ 教 p.195-201

□ 銅の粉末をステンレス皿の上で加熱すると，加熱前より全体の質量が［ 大きく ］なる。これは，銅が空気中の［ 酸素 ］と結びついて［ 酸化銅 ］が生じたためである。質量の増加分は銅に結びついた［ 酸素 ］の質量である。

□ 反応前の金属の質量と，酸化物の質量は［ 比例 ］し，さらに，結びついた［ 酸素 ］の質量は金属の質量に比例する。

□ 酸化銅の場合，銅の質量と酸素の質量の比は，つねに約［ 4 ］：［ 1 ］になっている。

□ 酸化マグネシウムの場合，マグネシウムの質量と酸素の質量の比は，つねに約［ 3 ］：［ 2 ］になっている。

テストに出る　グラフから，金属の質量と，結びついた酸素の質量比を求める問題がよく出る。

Step 2 予想問題 4章 化学変化と物質の質量

【質量保存の法則】

❶ 図のような密閉容器に炭酸水素ナトリウムの粉末とうすい塩酸を別々に入れ，次の操作①～④を行った。この実験について，下の問いに答えなさい。

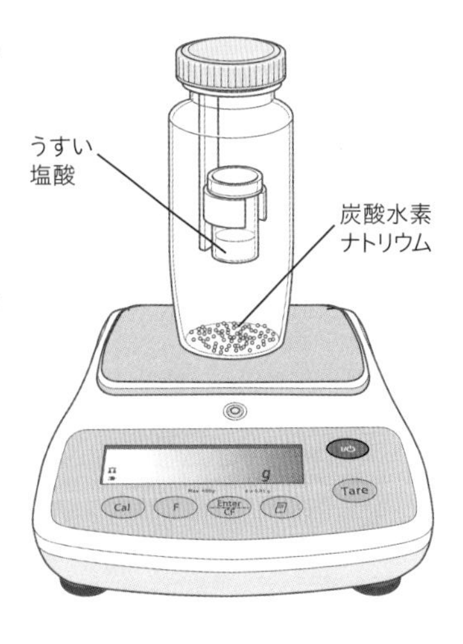

操作①　容器全体の質量をはかった。

操作②　密閉したままで容器を傾けて，うすい塩酸と炭酸水素ナトリウムを混合し，容器全体の質量をはかった。

操作③　密閉容器のふたをゆるめると，シューという音がした。

操作④　音がしなくなってから，ふたたび容器全体の質量をはかった。

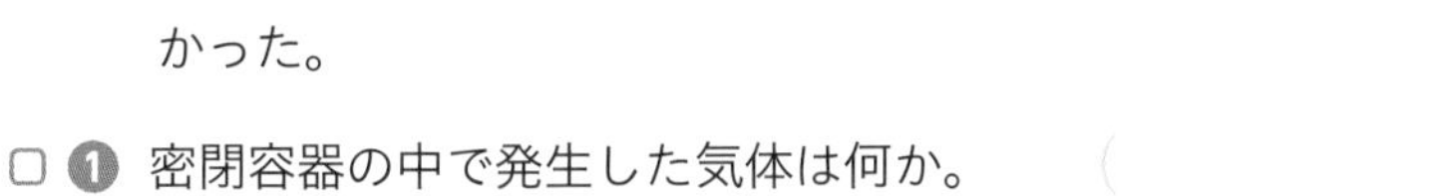

□ ❶ 密閉容器の中で発生した気体は何か。（　　　　）

□ ❷ 操作②で，容器全体の質量は，操作①のときに比べてどうなるか。次の㋐～㋔から選び，記号で答えなさい。（　　　）

㋐ 気体が発生し圧力が大きくなるので，質量は大きくなる。

㋑ 空気より密度の大きい気体が発生するから，質量は大きくなる。

㋒ 炭酸水素ナトリウムがとけてしまうので，質量は小さくなる。

㋓ 空気より密度の小さい気体が発生するから，質量は小さくなる。

㋔ 空気より密度の大きい気体が発生するが，容器の中に閉じこめられているので，容器全体の質量は変化しない。

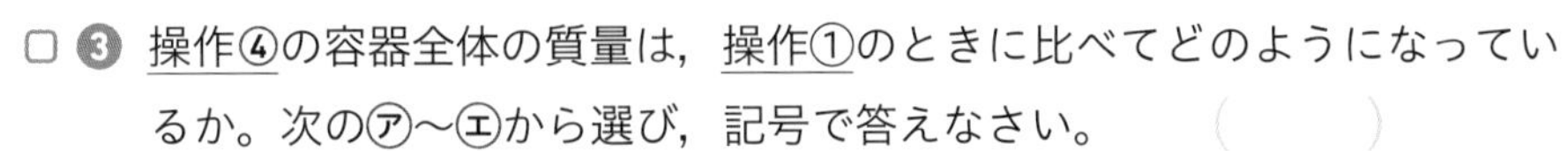

□ ❸ 操作④の容器全体の質量は，操作①のときに比べてどのようになっているか。次の㋐～㋓から選び，記号で答えなさい。（　　　）

㋐ シューと音がして，外から空気が入るので，その分容器全体の質量は大きくなる。

㋑ シューと音がして，容器の中の気体が外に出ていくので，その分容器全体の質量は小さくなる。

㋒ シューと音がして，容器の中の気体が出ていき，かわりに外から空気が入ってくるので，容器全体の質量は変化しない。

㋓ シューと音がするが，容器の内と外で気体の出入りはないから，容器全体の質量は変化しない。

ヒント ❶❸気体が発生すると，容器内の圧力が高くなる。

【 金属と結びつく酸素の質量 】

❷ 図のようにして，銅粉を加熱した。加熱前後の質量を測定して，銅の質量と結びついた酸素の質量を求め，グラフに表した。同じようにマグネシウムを燃焼(ねんしょう)させ，加熱前後の質量を測定し，グラフに表した。これについて，次の問いに答えなさい。

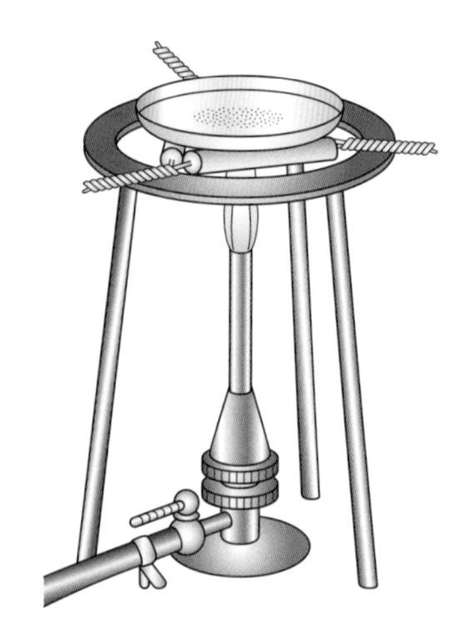

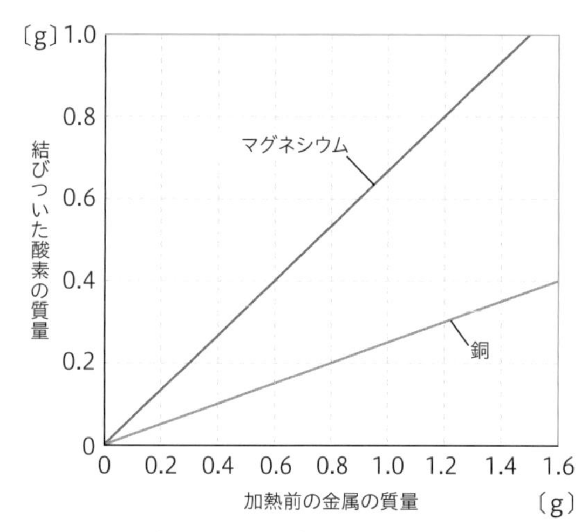

□ ❶ 0.8 gの銅は，何 gの酸素と結びつくか。（　　　）

□ ❷ 1.2 gのマグネシウムを燃焼させると，酸素とマグネシウムの化合物(かごうぶつ)である酸化マグネシウムは，何 gできるか。（　　　）

□ ❸ マグネシウムの質量と，マグネシウムと結びつく酸素の質量の比は，次の㋐〜㋓のどれか。（　　）

㋐ マグネシウムの質量：酸素の質量＝3 ： 5

㋑ マグネシウムの質量：酸素の質量＝5 ： 3

㋒ マグネシウムの質量：酸素の質量＝2 ： 3

㋓ マグネシウムの質量：酸素の質量＝3 ： 2

□ ❹ 酸化マグネシウムは，マグネシウム原子(げんし)と酸素原子の数の比が 1 ： 1 の化合物である。マグネシウム原子 1 個と酸素原子 1 個の質量の比は，いくらになるか。（　　：　　）

□ ❺ 銅の質量と，銅と結びつく酸素の質量の比は，いくらになるか。（　　：　　）

□ ❻ 酸化銅は，銅原子と酸素原子の数の比が 1 ： 1 の化合物である。銅原子 1 個と酸素原子 1 個の質量の比を求めなさい。（　　：　　）

□ ❼ マグネシウム原子 1 個と銅原子 1 個，酸素原子 1 個の質量の比を求めなさい。（　　：　　：　　）

ヒント ❷❷酸化マグネシウムの質量＝マグネシウムの質量＋結びついた酸素の質量

ミスに注意 ❷グラフの読み取りでは，横軸(よこじく)や縦軸(たて)が何かをきちんと確認しよう。

[解答▶p.15]

【金属と酸化物の質量の関係】

❸ マグネシウムと銅の粉末をそれぞれステンレス皿に入れ，十分に加熱した。それぞれの酸化物(さんかぶつ)の質量をグラフに表した。これについて，次の問いに答えなさい。

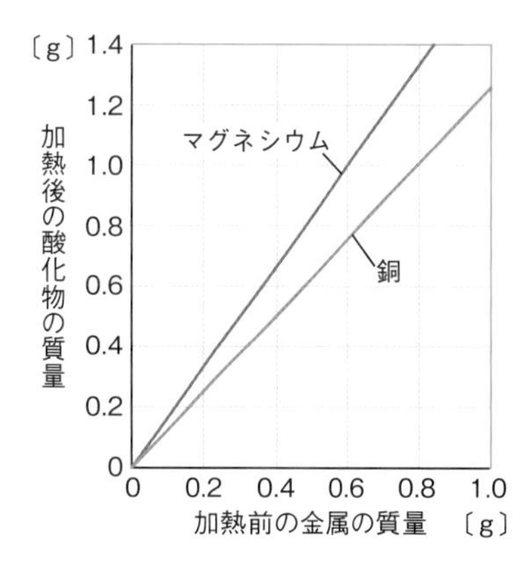

□ ❶ マグネシウムと銅を加熱したときにできる酸化物は何か。それぞれ化学式(かがくしき)で答えなさい。

マグネシウム（　　　）

銅（　　　）

□ ❷ マグネシウム1.5 gと結びつく酸素の質量は何 g か。

（　　　）

□ ❸ 銅2.0 gをステンレス皿に入れて加熱したところ，加熱が不十分であったため，ステンレス皿の中の物質の質量は2.3 gであった。このとき，酸素と結びついていない銅は何 g か。（　　　）

【金属と結びつく酸素の質量】

❹ 粉末の銅を空気中で加熱すると，酸素と結びついて質量がふえる。図は，粉末の銅を一定時間ずつ加熱して，加熱後の質量をはかった結果をグラフに表したものである。マグネシウムについても同じように実験し，結果をグラフに表した。次の問いに答えなさい。

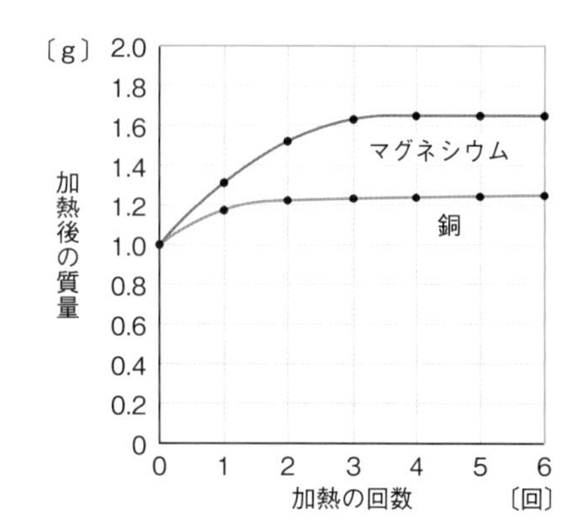

□ ❶ このグラフが示していることは，次の㋐～㋒のどれか。

（　　　）

㋐ 加熱時間が長いほど，結びつく酸素の量が多くなる。

㋑ 長時間加熱しても，結びつく酸素の量はある限度以上にはふえない。

㋒ 酸素の量を多くすると，結びつく酸素の量が多くなる。

□ ❷ 酸素と結びつくと，マグネシウムは酸化マグネシウムMgOに，銅は酸化銅CuOになる。銅原子とマグネシウム原子はどちらのほうが重いか。

（　　　）

ヒント ❸❷グラフから，金属の質量と酸化物の質量は比例している。

ミスに注意 ❸❸2.3 gの物質は，金属と酸化物が混じった状態であることに注意。

［解答▶p.15］

Step 3 予想テスト 化学変化と原子・分子

30分 /100点 目標 70点

❶ 図のように，試験管に炭酸水素ナトリウムを入れ，試験管の底を加熱した。しばらくすると，試験管の口に液体が生じ，ガラス管の先から気体が出てきた。加熱後，試験管の底には白い物質が残った。次の問いに答えなさい。 技

炭酸水素ナトリウム
液体
ガラス管
石灰水

□ ❶ 図のように，試験管の口を下げて加熱するのはなぜか。簡単に答えなさい。

□ ❷ 試験管の口に生じた液体が水であることを確かめるのには何を用いるか。

□ ❸ ガラス管から出てきた気体は何か。

□ ❹ 石灰水の変化を簡単に答えなさい。

□ ❺ 加熱後，試験管に残った白い物質は何か。

□ ❻ ❺の物質を水にとかし，フェノールフタレイン溶液を加えると，この水溶液は何色になるか。

❷ 水素原子のモデルを(H)，酸素原子のモデルを(O)，炭素原子のモデルを(C)，銅原子のモデルを(Cu)，窒素原子のモデルを(N)で表す。次の問いに答えなさい。 思

□ ❶ (O)(O)のモデルは何を表しているか。

□ ❷ 窒素分子のモデルをかきなさい。

□ ❸ 二酸化炭素分子のモデルをかきなさい。

□ ❹ 水分子のモデルをかきなさい。

□ ❺ 銅の酸化の化学反応式は，$2Cu + O_2 \rightarrow 2CuO$と表される。この化学反応式を原子のモデルを用いて表しなさい。

□ ❻ 熱した酸化銅を水素が入った試験管に入れたときの化学反応式は，$CuO + H_2 \rightarrow Cu + H_2O$と表される。この化学反応式を原子のモデルを用いて表しなさい。

❸ 図は，酸化鉄と活性炭（炭素）の混合物を加熱したときの物質の変化を表したものである。次の問いに答えなさい。 思

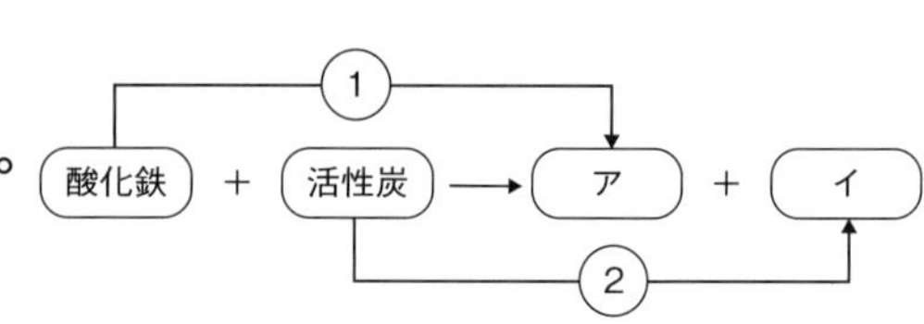

□ ❶ 物質ア，イは何か。

□ ❷ 図の②は酸化を示している。①の化学変化の名称を答えなさい。

 成績評価の観点 技…観察・実験の技能 思…科学的な思考・判断・表現

❹ 鉄粉7gと硫黄14gをよく混ぜ合わせ，2本の試験管A，Bに分けた。図のように試験管Aに入れた混合物だけを加熱し，赤く色が変わりはじめたら，加熱をやめて変化のようすを観察した。次の問いに答えなさい。 思

□ ❶ 加熱をやめた後の混合物のようすを簡単に書きなさい。

□ ❷ 加熱後にできた物質名を答えなさい。

□ ❸ 試験管Aの中で起こった化学変化を化学反応式で書きなさい。

□ ❹ 試験管Aの中にできた物質と，加熱していない試験管Bの中の物質にうすい塩酸を加えたときに発生した気体名を，それぞれ書きなさい。

試験管A

❺ 2.0gの銅粉をステンレス皿に入れてよく混ぜながら加熱した。グラフは，2分ごとの物質の質量の変化を表したものである。次の問いに答えなさい。 思

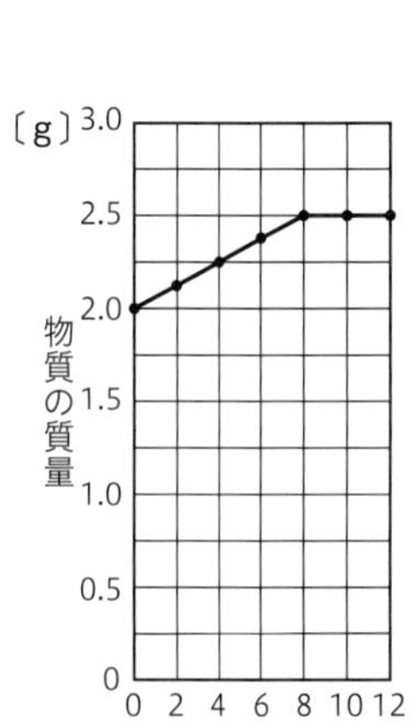

点UP □ ❶ 酸化が完全に終わったのは何分後か。

□ ❷ 6.0gの銅粉を加熱すると，酸化銅は何gできるか。

□ ❸ ❷のとき，銅粉と反応する酸素の質量は何gか。

□ ❹ 銅の質量とできた酸化銅の質量の比を求めなさい。

□ ❺ 銅の質量と反応した酸素の質量の比を求めなさい。

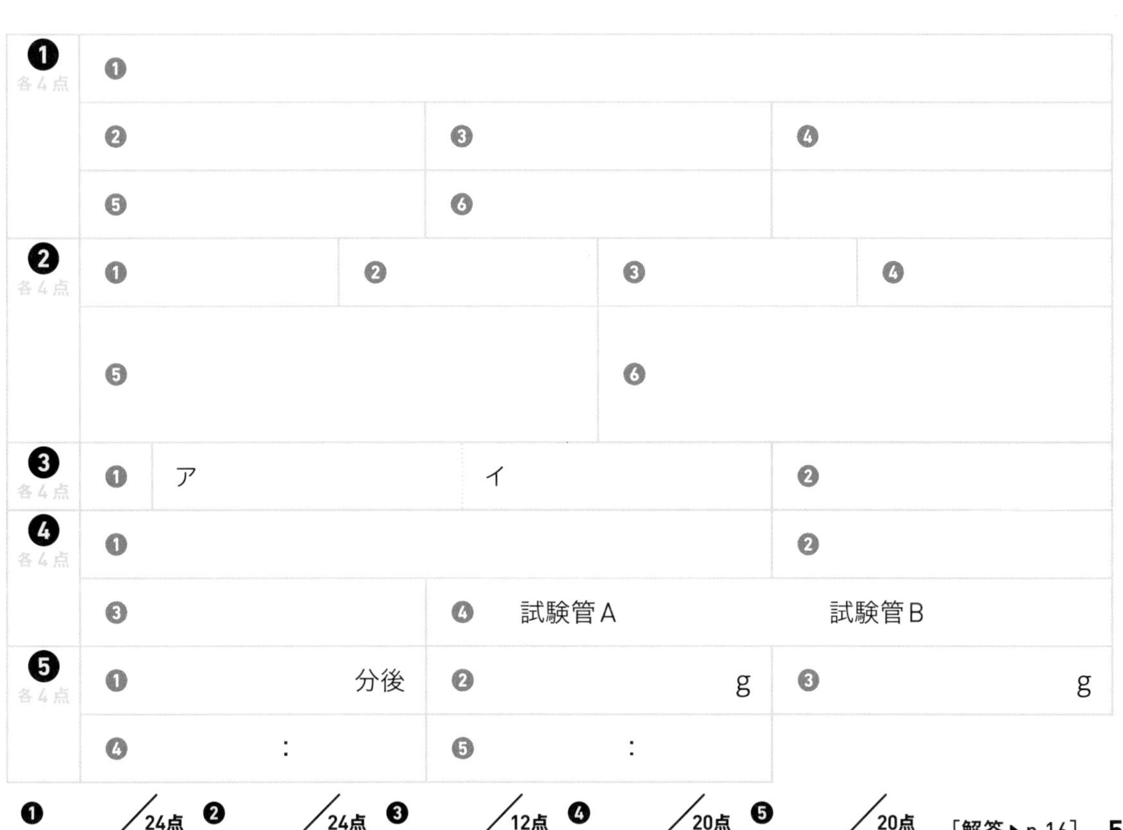

❶ 各4点	❶			
	❷	❸	❹	
	❺	❻		
❷ 各4点	❶	❷	❸	❹
	❺		❻	
❸ 各4点	❶ ア	イ	❷	
❹ 各4点	❶		❷	
	❸	❹ 試験管A	試験管B	
❺ 各4点	❶ 分後	❷ g	❸ g	
	❹ ：	❺ ：		

❶ ／24点 ❷ ／24点 ❸ ／12点 ❹ ／20点 ❺ ／20点

［解答▶p.16］

Step 1 基本チェック　1章 電流の性質(1)

赤シートを使って答えよう！

❶ 電流が流れる道すじ

▶ 教 p.215-220

- □ 電気の流れを［ 電流 ］といい，電流が切れ目なく流れる道すじを［ 回路 ］という。
- □ 電流の向きは，乾電池の［ ＋ ］極から出て豆電球などを通り，乾電池の［ − ］極へ向かう向きと決められている。
- □ 回路のようすを図に表すときには，［ 電気用図記号 ］が使われ，この記号を使って表した図を［ 回路図 ］という。一方，実物に近い状態で表した図を［ 実体配線図 ］という。
- □ 電流の流れる道すじが１本である回路を［ 直列 ］回路という。
- □ 電流の流れる道すじが複数に枝分かれしている回路を［ 並列 ］回路という。

［ 抵抗器 ］	［ 電流計 ］	［スイッチ］
	Ⓐ	

［ 電圧計 ］	［ 電源 ］	［ 電球 ］
Ⓥ	長いほうが［ ＋ ］極	⊗

□ **電気用図記号**

❷ 回路に流れる電流

▶ 教 p.221-226

- □ 回路に流れる電流の大きさは［ 電流計 ］ではかり，電流の単位には，［ アンペア ］（記号Ａ）を使う。
- □ １Ａ＝［ 1000 ］mAである。

❸ 回路に加わる電圧

▶ 教 p.227-230

- □ 電流を流そうとするはたらきの大きさを表す量を［ 電圧 ］という。単位は［ ボルト ］（記号Ｖ）である。

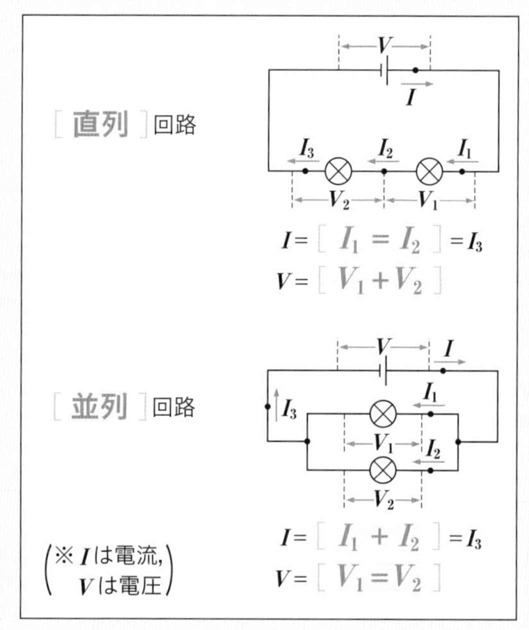

□ **回路に流れる電流と回路に加わる電圧**

電気用図記号を使って回路図をかく練習をしておこう。

Step 2 予想問題 1章 電流の性質(1)

【 回路と電流の向き 】

❶ 図のような回路をつくった。次の問いに答えなさい。

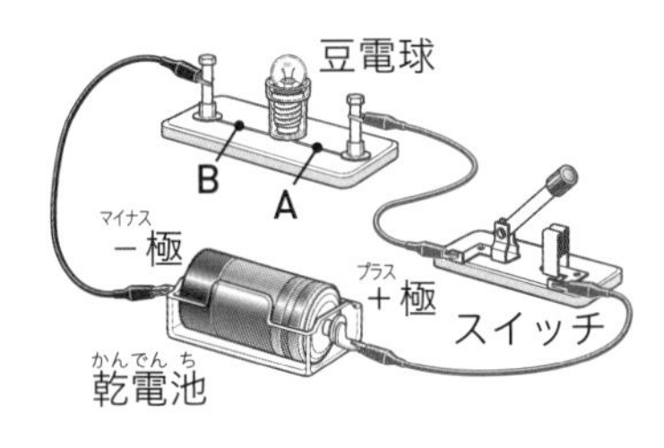

□ ❶ スイッチを切ると豆電球は点灯しなくなる。これはなぜか。

(　　　　　　　　　　　　)

□ ❷ 図の回路を電気用図記号を使って回路図で表しなさい。

□ ❸ 豆電球をLED豆電球にかえた。このとき，LED豆電球を逆につなぐと点灯しなかった。このことからどんなことがいえるか。

(　　　　　　　　　　　　)

【 階段の照明の回路 】

❷ 階段の途中にある照明用の電球は，階段の上のスイッチでも，下のスイッチでもつけたり消したりできる。このような階段の照明は，どのようなようすになっていると考えられるか。導線をかき加えて，下の図を完成させなさい。

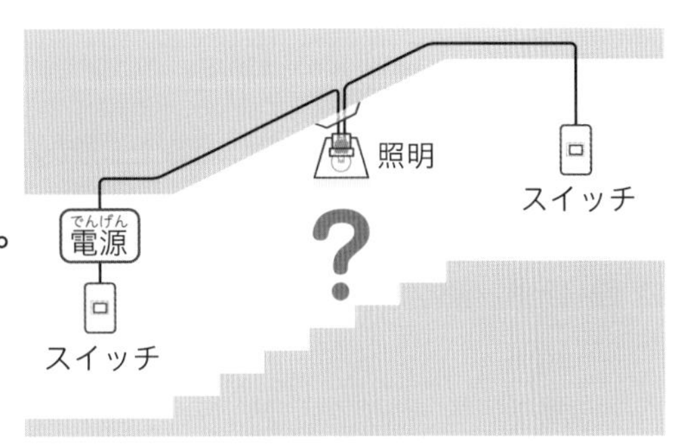

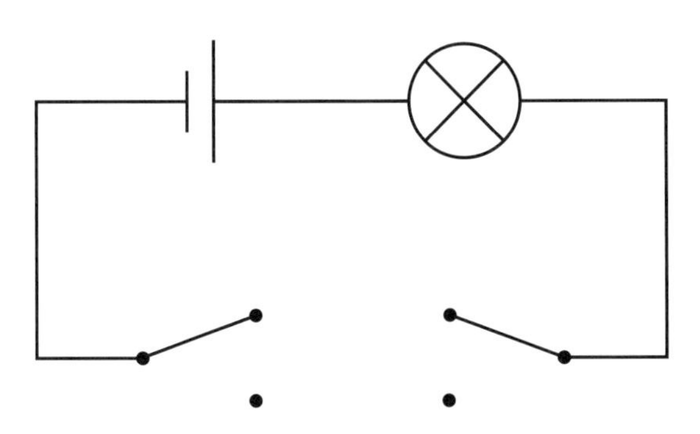

ミスに注意 ❶❷導線は直線でかく。曲線やななめの線は使わない。

ヒント ❷切りかえ式のスイッチが使われている。

【電流計の使い方】

❸ 電流計の使い方について，次の問いに答えなさい。

□ ❶ 電流計のつなぎ方として正しいものを，次の㋐～㋒から選び，記号で答えなさい。（　　）

㋐ 電流計だけで電源につなぐ。

㋑ 回路に直列（ちょくれつ）につなぐ。

㋒ 回路に並列（へいれつ）につなぐ。

□ ❷ 電流計の－端子には，50 mA，500 mA，5 Aの3種類がある。電流の大きさが予想できないとき，どの端子にまずつなげばよいか。次の㋐～㋒から選び，記号で選びなさい。（　　）

㋐ 50 mA　㋑ 500 mA　㋒ 5 A

□ ❸ 図は，ある回路で，－端子を500 mAにして測定したときの目盛（めも）りのようすである。この回路に流れている電流は何mAか。（　　mA）

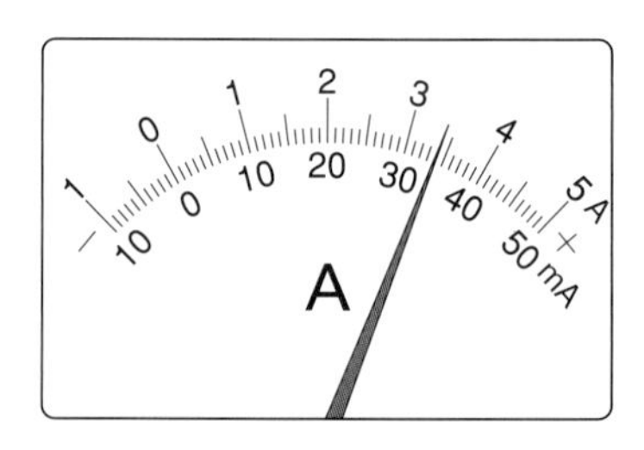

【回路を流れる電流】

❹ 2つの豆電球を使って，図1，図2のような回路をつくった。次の問いに答えなさい。

図1

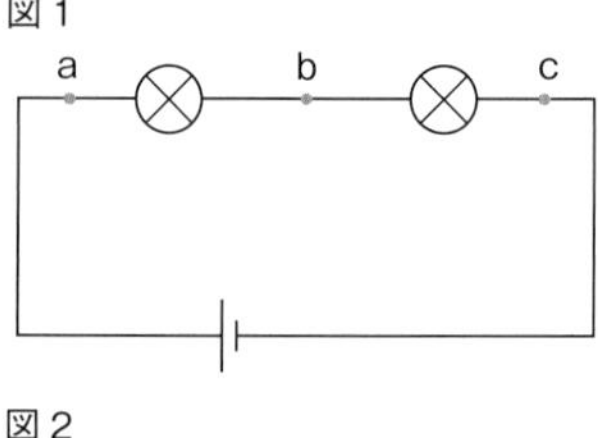

図2

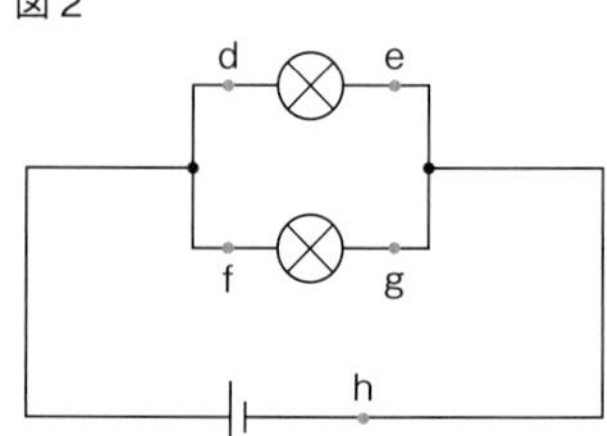

□ ❶ 図1，図2は，それぞれ何回路というか。

図1（　　）

図2（　　）

□ ❷ 図1で，a点の電流の大きさは0.5 Aであった。b，c点の電流の大きさはそれぞれ何Aか。

b（　　A）　c（　　A）

□ ❸ 図2で，d点を流れる電流の大きさが0.3 A，g点を流れる電流の大きさが0.1 Aであった。このとき，h点を流れる電流の大きさは何Aか。（　　A）

ヒント ❸❷電流計がこわれるおそれがあるので，操作手順は大切である。

ミスに注意 ❹❸問いに「何Aか」とあるときはAで，「何mAか」とあるときはmAで答える。

［解答▶p.17］

【 電圧計の使い方 】

❺ 図１の回路の各区間に加わる電圧を調べるために，電圧計をつないだ。これについて，次の問いに答えなさい。

図１

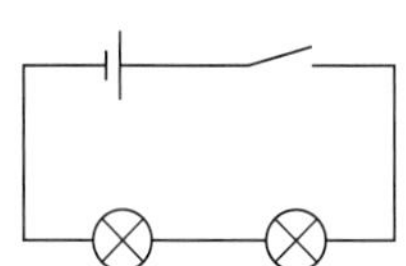

□ ❶ 電圧計を正しくつないだ回路図を，次の㋐～㋒から選び，記号で答えなさい。（　　）

㋐

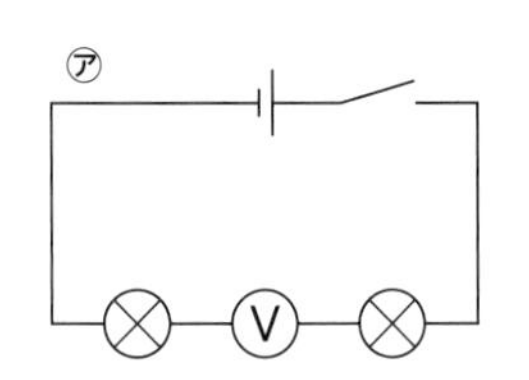

㋑

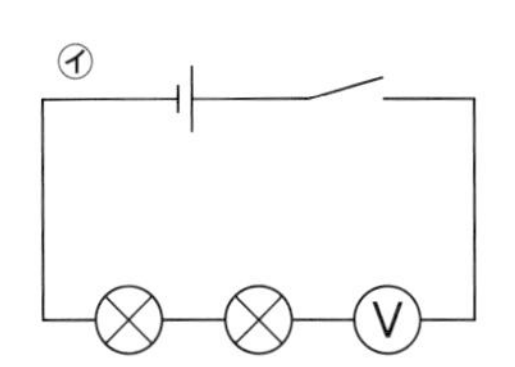

㋒

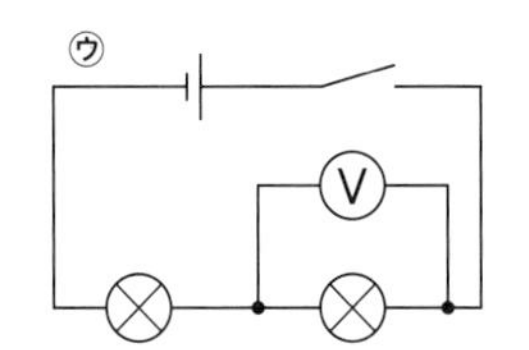

□ ❷ 電圧計には，図２のように＋端子と－端子が３つある。はかろうとする電圧がよくわからないときには，－端子は，㋐～㋒のどこにつなぐとよいか。記号で答えなさい。（　　）

図２

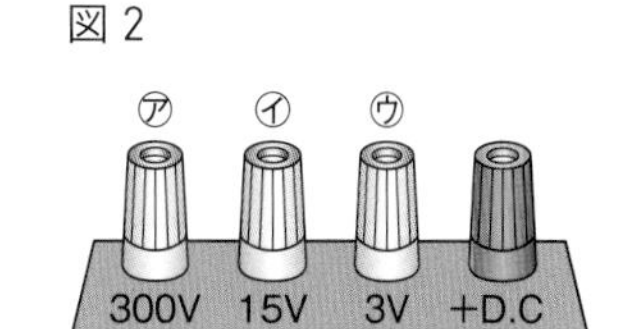

□ ❸ 正しく電圧計をつないだところ，図３のようになった。このときの電圧は何Ｖか。図から読みとりなさい。（　　　V）

図３

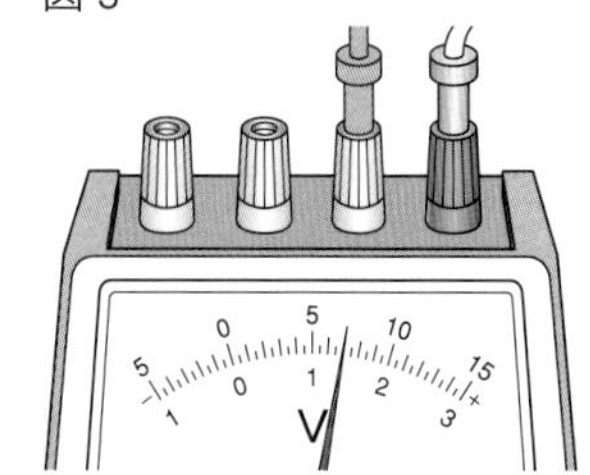

【 回路に加わる電圧 】

❻ 次の２つの豆電球を使って，図１，図２のような回路をつくった。次の問いに答えなさい。

図１

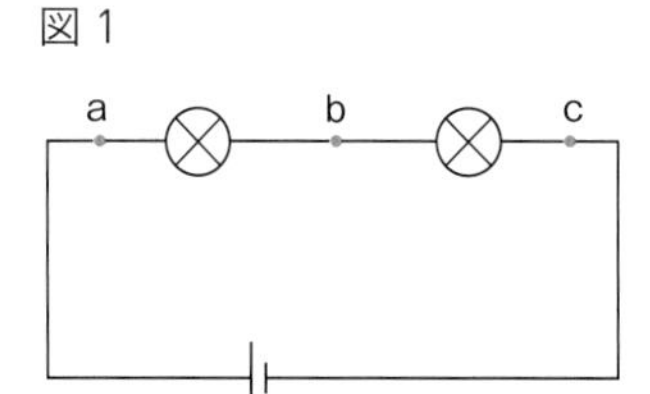

□ ❶ 図１で，ab間の電圧の大きさは8.0Ｖで，bc間の電圧の大きさは4.8Ｖであった。電源の電圧は何Ｖか。（　　　V）

□ ❷ 図２で，電源の電圧の大きさが4.0Ｖのとき，de間，fg間の電圧の大きさは，それぞれ何Ｖか。

de間（　　　V）　fg間（　　　V）

図２

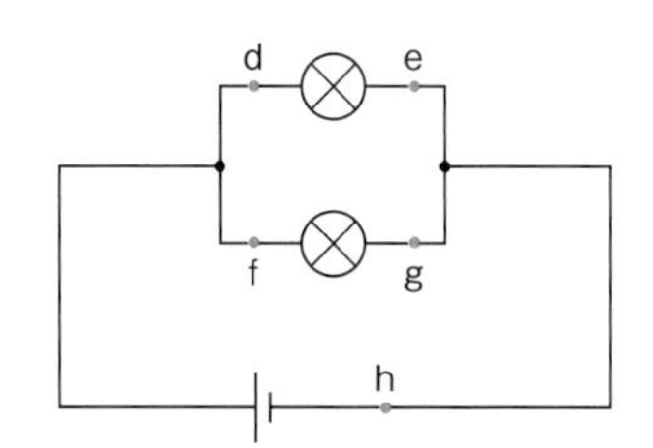

ヒント ❺❷㋐は300Ｖ，㋑は15Ｖ，㋒は３Ｖの端子である。

Step 1 基本チェック　1章 電流の性質(2)

赤シートを使って答えよう！

❹ 電圧と電流の関係

▶ 教 p.231-235

□ 抵抗器や電熱線を流れる電流は，それらに加える電圧に［比例］する。この関係を［オームの法則］という。

□ 電流の流れにくさを表す量を［電気抵抗（抵抗）］といい，単位は［オーム］(Ω）で表す。

□ 電気抵抗〔Ω〕＝ 加えた［電圧］〔V〕/ 流れた［電流］〔A〕

電流をI〔A〕，電圧をV〔V〕，抵抗をR〔Ω〕とすると，

$$R=\frac{[V]}{[I]}$$

$$V=[RI]$$

$$I=\frac{[V]}{[R]}$$

□ オームの法則

❺ 電流，電圧，電気抵抗の求め方

▶ 教 p.236-240

□ 2個の抵抗器を直列につなぐと，回路全体の電気抵抗は，それぞれの電気抵抗の和になる。　$R=[R_1]+[R_2]$

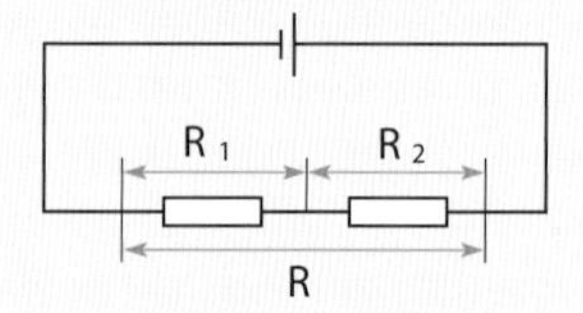

□ 2個の抵抗器を並列につなぐと，回路全体の電気抵抗は，それぞれの電気抵抗より小さくなる。　$\frac{1}{R}=\left[\frac{1}{R_1}\right]+\left[\frac{1}{R_2}\right]$

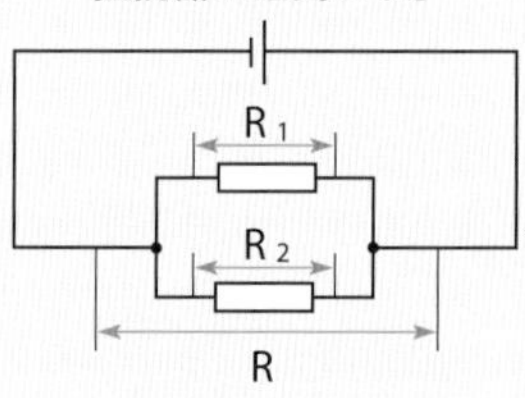

□ 回路全体の電気抵抗

□ 電気抵抗が小さく，電流を通しやすいものを［導体］という。逆に電気抵抗が大きく，電流がほとんど流れないものを［不導体］(絶縁体）という。

❻ 電流のはたらきを表す量

▶ 教 p.241-247

□ 電流が光や熱，音などを発生したり，物体を動かしたりするはたらきは，［電力］という量で表され，単位には［ワット］(記号W）を使う。
電力〔W〕＝［電圧］〔V〕×［電流］〔A〕

□ 発生した熱量や消費した電気エネルギーの量は［ジュール］(記号J）で表す。1Wの電力で1秒間電流を流したときに発生する熱量が［1］Jである。

□ 発熱を利用しない電気器具でも，電流によって消費するエネルギー量を［電力量］という。1時間を単位にした［電力量］の単位を［ワット時］(記号Wh）という。電力量〔J〕＝［電力］〔W〕×［時間］〔s〕

テストに出る　電流の大きさ，電圧の大きさ，電気抵抗を計算で求められるようにしよう。

Step 2 予想問題　1章 電流の性質(2)

20分
(1ページ10分)

【電圧と電流の関係】

❶ 抵抗器a，bを電源装置につなぎ，電源装置のスイッチを入れ，電流と電圧の大きさの関係を調べたところ，図のようなグラフになった。次の問いに答えなさい。

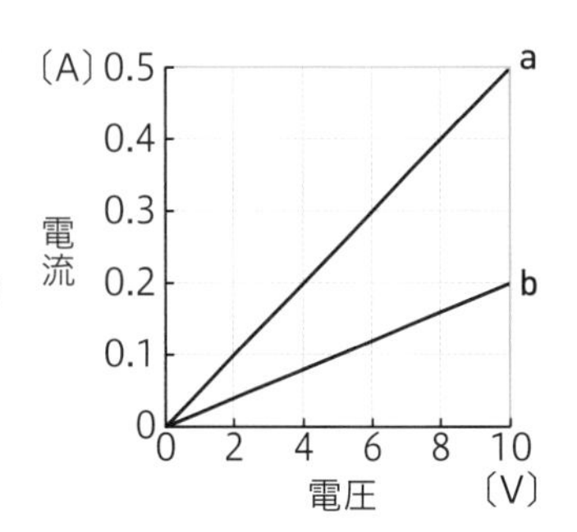

□ ❶ 図から，電流の大きさと電圧の大きさは，どのような関係があるといえるか。(　　　　　　　　　　)

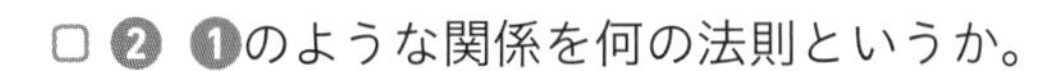

□ ❷ ❶のような関係を何の法則というか。(　　　　　　　　)

□ ❸ 抵抗器aとbで，抵抗が大きいのはどちらか。記号で答えなさい。(　　　)

❷ 電熱線a，bを使って図1のような回路をつくり，電源のスイッチを入れた。次の問いに答えなさい。

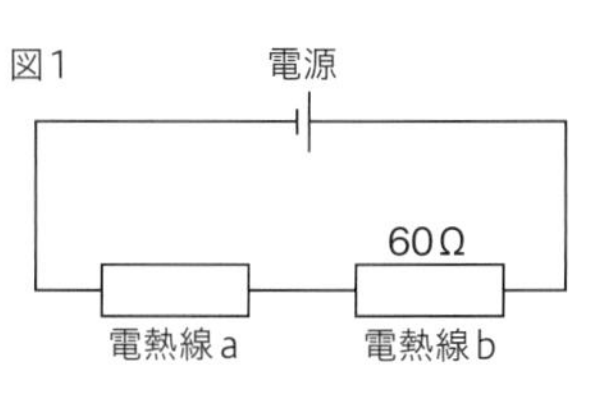

□ ❶ 図2は電熱線aにかかる電圧と電流の大きさの関係を示すグラフである。電熱線aの抵抗は何Ωか。(　　　　　Ω)

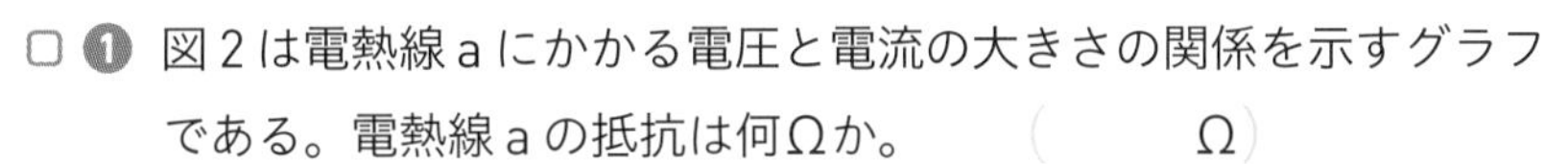

□ ❷ 電熱線aに流れる電流の大きさが0.4 Aのとき，電源装置の電圧は何Vか。(　　　　　V)

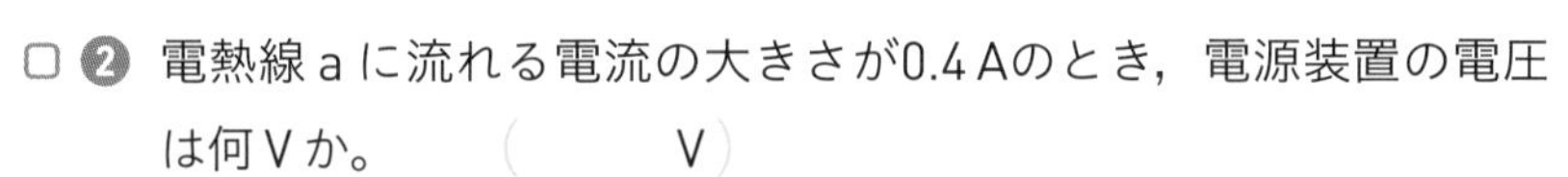

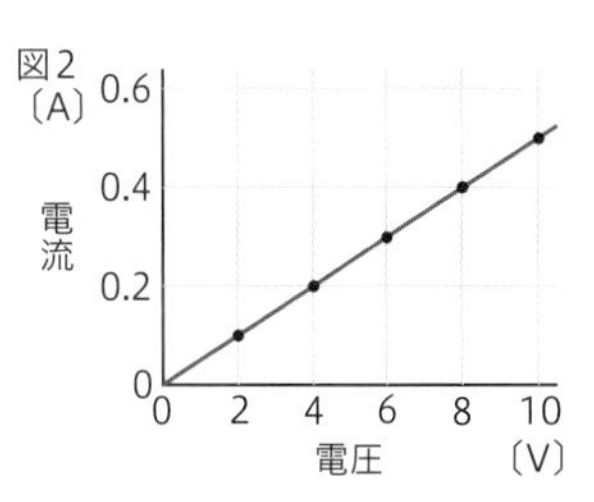

□ ❸ 電熱線a，bを図3のA〜Dのように接続するとき，回路の全体の抵抗の小さいものから順に並べなさい。

(　　　　　　　　　　　　　　　　　　　　)

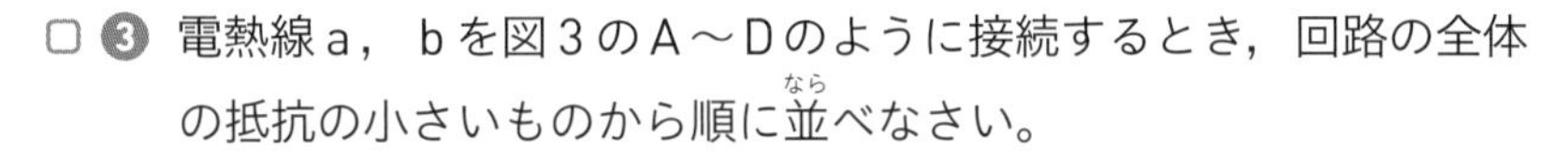

図3

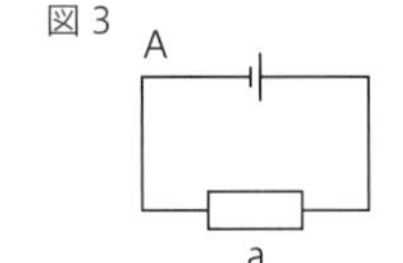

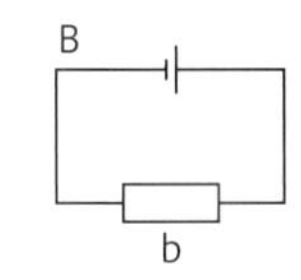

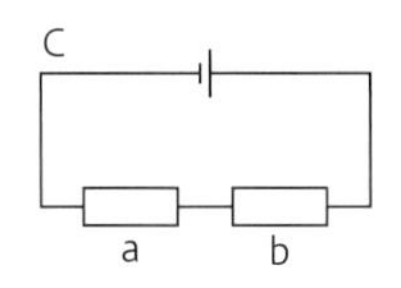

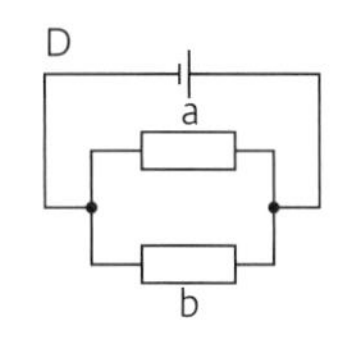

□ ❹ 図3のBの回路の電源電圧を，12 Vにしたとき，電熱線bに流れる電流は何mAか。(　　　　　mA)

□ ❺ 銅や電熱線のニクロムなどは，電流を比較的通しやすい物質である。このような物質を何というか。(　　　　　　)

□ ❻ ❺に対して，ガラスやゴムなどの，電気抵抗が非常に大きく，電流をほとんど通さない物質を何というか。(　　　　　　)

ヒント ❶❸同じ電圧を加えたときに，電流が流れにくいのはどちらかをグラフから読みとる。

[解答▶p.18]

【 3つの抵抗器でできた回路 】

❸ 図のように，3つの抵抗器をつないだ回路をつくった。抵抗器Aの抵抗は2Ωであり，電源の電圧を9Vにしたとき，抵抗器Aを流れる電流は1.5 A，抵抗器Bを流れる電流は1.0 Aであった。次の問いに答えなさい。

9V
1.0A
抵抗器B
1.5A
抵抗器A
2Ω
抵抗器C

□ ❶ 抵抗器Aに加わっている電圧は何Vか。（　　　V）

□ ❷ 抵抗器Bに加わっている電圧は何Vか。（　　　V）

□ ❸ 抵抗器Cに流れている電流は何Aか。（　　　A）

□ ❹ 抵抗器Bと抵抗器Cの抵抗は，それぞれ何Ωか。

抵抗器B（　　　Ω） 抵抗器C（　　　Ω）

□ ❺ 回路全体の抵抗は何Ωか。（　　　Ω）

□ ❻ 抵抗器Bと抵抗器Cを並列につないだ部分の抵抗は何Ωか。（　　　Ω）

【 電熱線の発熱と電力量 】

❹ 4Ωと2Ωの電熱線を使って，200 gの水の上昇温度を調べた。図はその装置を表し，表は測定の結果である。次の問いに答えなさい。ただし，実験Ⅰは4Ωの電熱線を，実験Ⅱは2Ωの電熱線を使ったときの結果であり，実験では電源の電圧を12Vにした。

時間〔分〕	0	1	2	3
実験Ⅰ〔℃〕	20.0	22.3	25.2	27.5
実験Ⅱ〔℃〕	20.0	24.5	30.4	35.0

□ ❶ 実験ⅠとⅡにおける上昇温度のグラフを右にかき入れなさい。

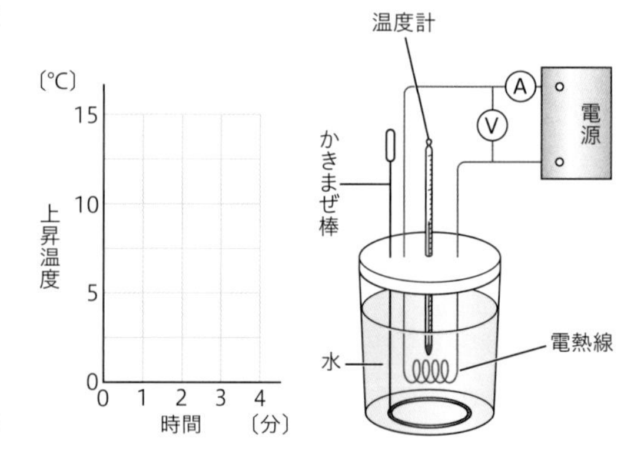

□ ❷ 実験Ⅰにおける電流の大きさはいくらか。

（　　　）

□ ❸ 発熱量は電力とどのような関係があるか。

（　　　）

□ ❹ 20Ωの電熱線を使って同じ実験を行うと，4分後の水の温度は何℃になると考えられるか。

（　　　）

ヒント ❸❷B，Cをまとめて1つの抵抗器と考えると，Aと直列になっている。

ミスに注意 ❹❶誤差を考えて，直線をひく。折れ線グラフにしない。

[解答▶p.18]

Step 1 基本チェック 2章 電流の正体

赤シートを使って答えよう！

① 静電気 ▶ 教 p.248-250

□ ちがう種類の物質をたがいに摩擦(まさつ)すると［静電気(せいでんき)］が発生する。

□ 電気には，［+(プラス)（正）］と［−(マイナス)（負）］の2種類があり，［異(こと)なる］種類の電気の間には引き合う力がはたらき，［同じ］種類の電気の間には，しりぞけ合う力がはたらく。また，離(はな)れていてもはたらく。

□ 電気の間にはたらく力は，［電気力(でんきりょく)］（電気(でんき)の力(ちから)）という。

② 静電気と電流の関係 ▶ 教 p.251

□ 物質にたまった電気が流れると，［電流］になる。

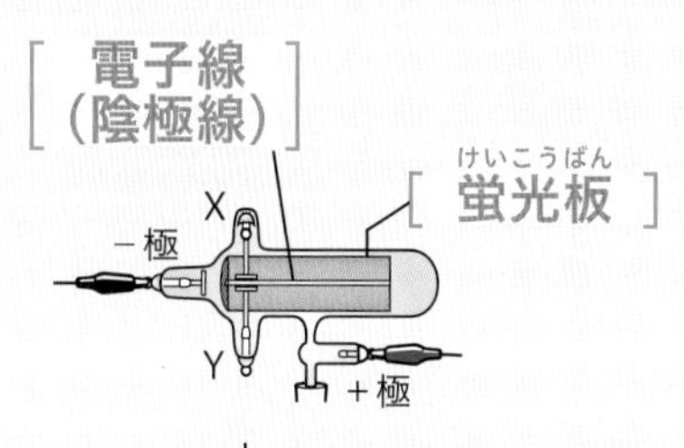

③ 電流の正体 ▶ 教 p.252-255

□ 電気が空間を移動したり，たまっていた電気が流れたりする現象を［放電(ほうでん)］といい，圧力(あつりょく)を低くした気体の中を電流が流れる現象を［真空放電(しんくうほうでん)］という。

□ 電流のもとになるものは，［−］極から出て［+］極へ向かう。これを［陰極線(いんきょくせん)］（電子線）といい，この電流のもととなる，質量をもった小さな粒子(りゅうし)を［電子(でんし)］という。

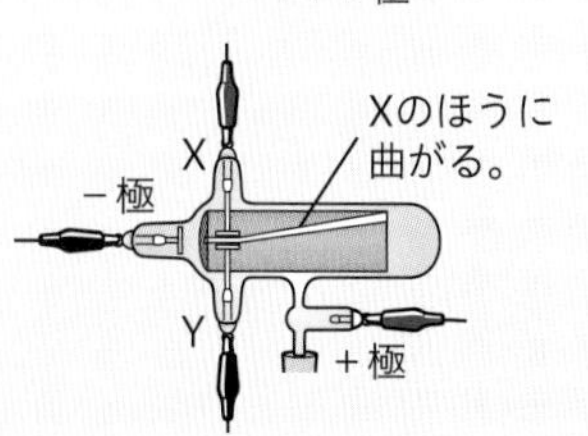

□ 電流のもととなるものを調べる実験

□ 金属は，+と−のどちらの電気も帯びていない。この状態を［電気的(でんきてき)に中性(ちゅうせい)］という。

□ 電子の動く向きと，電流の向きとは［逆］になる。

④ 放射線の発見とその利用 ▶ 教 p.257-258

□ ウランなどの［放射線物質(ほうしゃせんぶっしつ)］からは，目に見えない［放射線(ほうしゃせん)］がでている。［放射線］にはα（アルファ）線，β（ベータ）線，γ（ガンマ）線，X（エックス）線などの種類がある。

□ 放射線には［透過力(とうかりょく)］（物質を透過する力）がある。

静電気や陰極線の実験から，電子の性質を問う問題が出る。

Step 2 予想問題 2章 電流の正体

【静電気の性質】

❶ ストローAを乾いたティッシュペーパーで摩擦し，図のように虫ピンで消しゴムの上に固定した。もう1本のストローBもよく乾いたティッシュペーパーで摩擦し，はじめのストローAに近づけた。

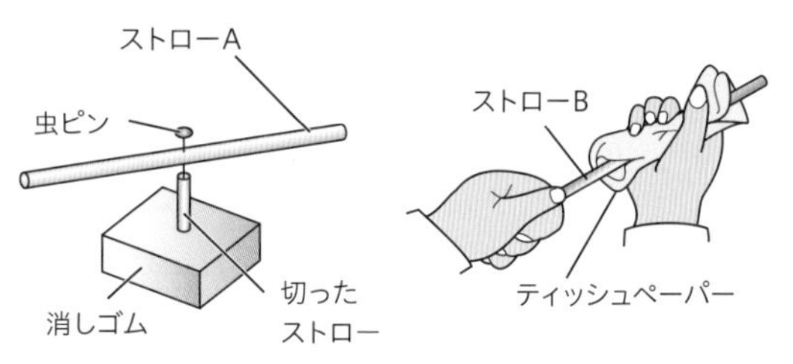

□ ❶ ティッシュペーパーでこすることによってストローにたまった電気を何というか。（　　　）

□ ❷ ストローBをストローAに近づけるとどうなるか。

（　　　　　　）

□ ❸ ストローAが－の電気を帯びているとすると，❷の結果から考えてストローBは，どのような電気を帯びているか。（　　　）

□ ❹ ティッシュペーパーは，どのような電気を帯びているか。

（　　　）

【真空放電】

❷ 図のような放電管に電圧を加えると，スリットを通りぬけて蛍光板に直進する明るい線が見られた。

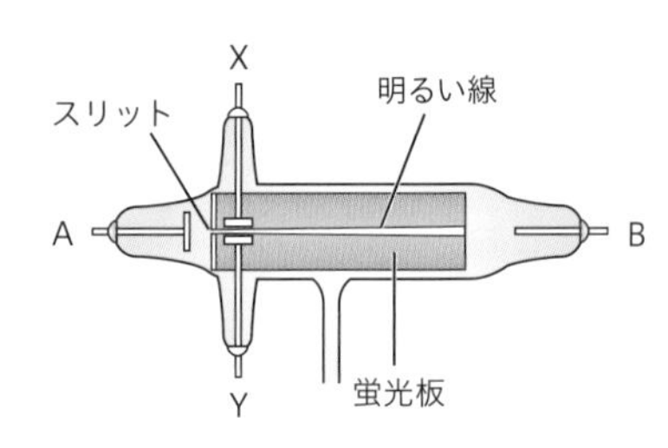

□ ❶ 放電管のAの電極は，＋極と－極のうちどちらか。

（　　　）

□ ❷ 明るい線を何というか。（　　　）

□ ❸ ❷の明るい線は，電極から目に見えない小さな粒子が飛び出していることによって起こる。この小さな粒子の正体は何か。（　　　）

□ ❹ 図のXの電極に＋，Yの電極に－の電圧を加えたところ，明るい線は上向きに曲がった。このことから❸の小さい粒子はどのような性質をもつといえるか。簡単に書きなさい。

（　　　　　　　　　　）

ヒント ❷❹電気の性質を覚えておこう。

[解答▶p.19]

【電子線の性質】

❸ **十字形の金属板を入れた放電管の電極A，Bに誘導コイルをつないで，数万Vの電圧を加えると，図のように十字形の影が現れた。**

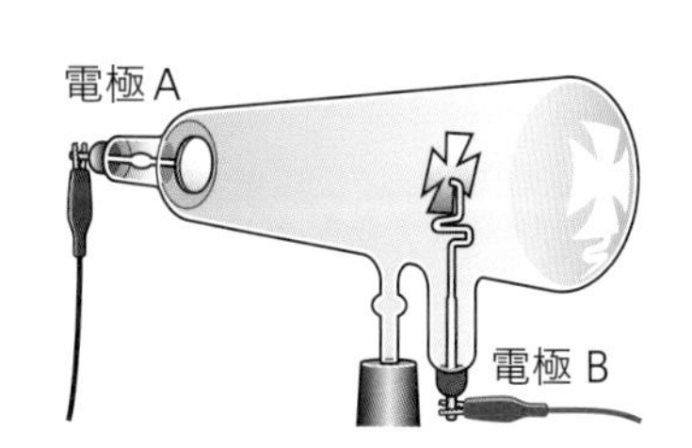

□ ❶ 影が現れたことから，電極Aから電極Bに向かう何かの流れがあることがわかる。このとき流れている，小さな粒子は何か。（　　　　）

□ ❷ 電極A，Bは，それぞれ誘導コイルの何極につながっているか。　A（　　　極）　B（　　　極）

□ ❸ 電極A，Bにつなぐ誘導コイルの極を反対にすると，十字形のかげはどうなるか。（　　　　）

【電流と電子の移動】

❹ **図は，電熱線を流れる電流のようすを説明する模式図である。**

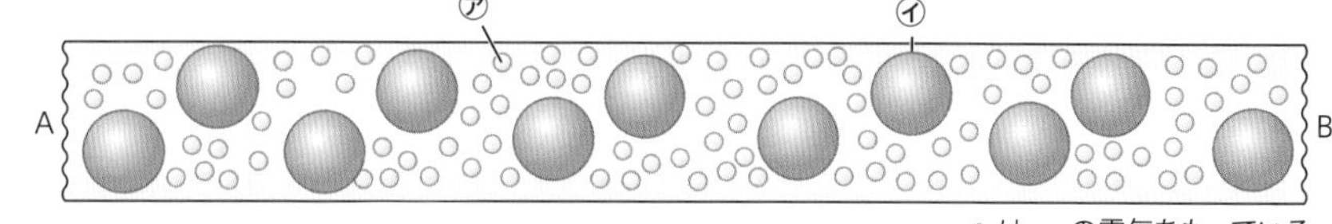

○は，−の電気をもっている。

□ ❶ 図の㋐，㋑のうち，電子を表しているのはどちらか。（　　）

□ ❷ 電熱線の両端のAB間に電圧を加えた。電流がAからBのほうへ流れているとき，電源の＋極はA，Bのどちら側か。（　　）

□ ❸ ❷のように，AB間に電圧を加えると，㋐はどのような動きをするか。

（　　　　　　　　）

□ ❹ 不導体に電流が流れないのはなぜか。簡単に説明しなさい。

（　　　　　　　　）

不導体は，絶縁体（ぜつえんたい）ともいうよ。

【放射線】

❺ **放射線について，次の問いに答えなさい。**

□ ❶ 次の㋐～㋒のうち，放射線について述べたものとして正しいものを選び，記号で答えなさい。（　　）

㋐ 直接，目に見える。　㋑ 自然界には存在しない，人工物である。
㋒ α線，β線，γ線などの種類がある。

□ ❷ 放射線を出す能力を何というか。（　　　　）

□ ❸ 放射線のある性質は，医療で腫瘍の発見や骨の異常などを調べるために利用されている。これは，どのような性質か。（物質を　　　　　性質）

ヒント ❹❸電子の移動の向きと電流の向きは反対である。

ミスに注意 ❺❷放射線と放射能をまちがえないようにしよう。

Step 1 基本チェック　3章 電流と磁界(1)

赤シートを使って答えよう！

1 磁界

▶ 教 p.262-267

□ 磁石(じしゃく)による力を［磁力(じりょく)］という。

□ 磁石による力である磁力がはたらく空間には，［磁界(じかい)］があるという。

□ 方位磁針(じしん)のN極がさす向きを，その点での［磁界の向き(じかいのむき)］という。磁界の向きや強さを表す曲線を［磁力線(じりょくせん)］という。

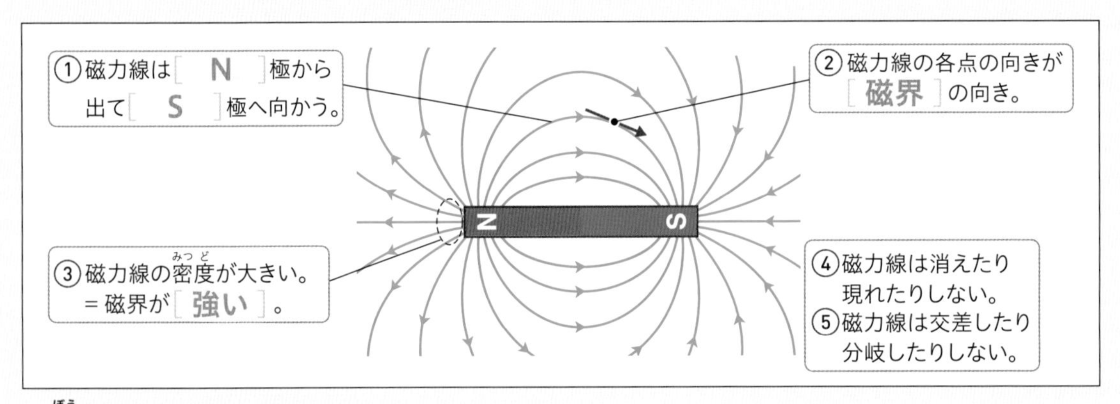

□ 棒(ぼう)磁石のまわりの磁界のようす

□ まっすぐな導線を流れる電流がつくる磁界では，導線を中心とした［同心円］状の磁界ができる。磁界の向きは，流れる［電流］の向きによって決まる。磁界の強さは，電流が［大きい］ほど，また導線に［近い］ほど強くなる。

□ コイルによる磁界の向きは，流れる［電流］の向きによって決まる。

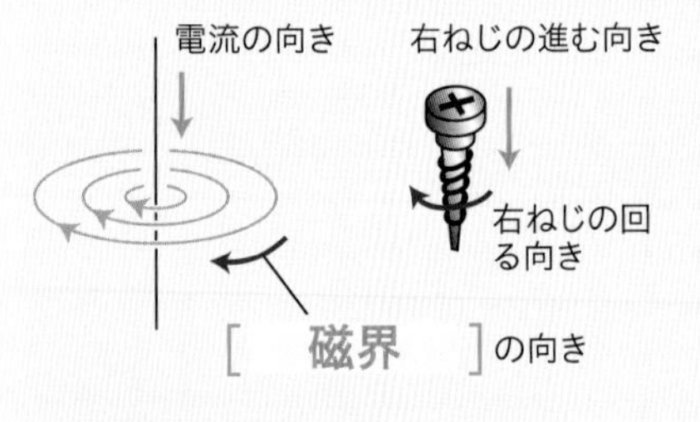

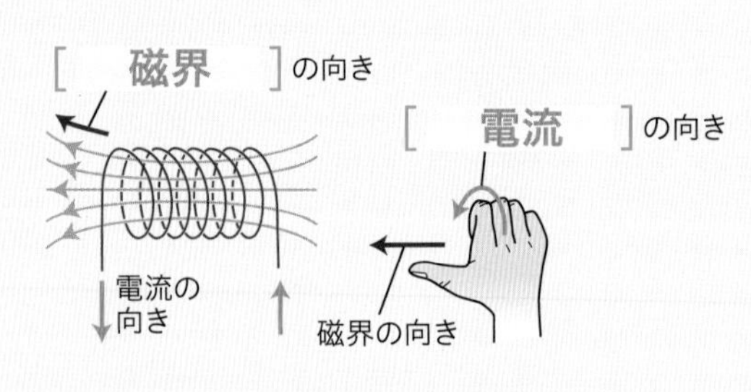

□ 電流の向きと磁界の向き

磁石や導線付近に置いた方位磁針の針がどちらを向くか，図にかけるようにしておこう。

Step 2 予想問題 3章 電流と磁界(1)

【磁石のまわりのようす】

❶ 棒磁石のまわりに方位磁針を置くと，方位磁針の針は図1のようになった。次の問いに答えなさい。

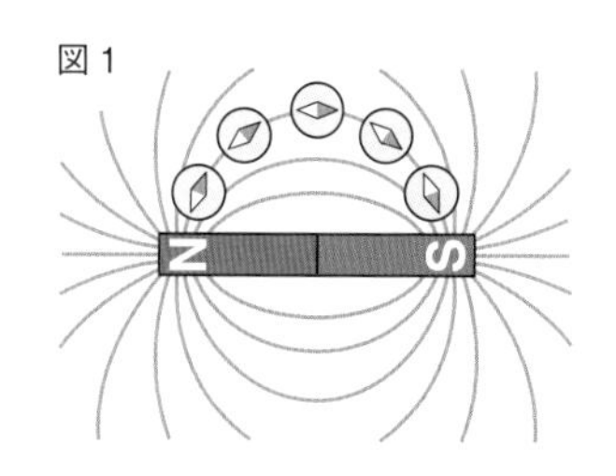

□ ❶ 方位磁針の針が図1のようになるのは，方位磁針と棒磁石との間に力がはたらいたためである。この力を何というか。

（　　　　）

□ ❷ ❶の力がはたらいている空間を何というか。（　　　　）

□ ❸ 棒磁石のまわりに置いた磁針のN極がさす向きを，その場所の何というか。（　　　　）

□ ❹ 棒磁石のまわりに置いた磁針のN極がさす向きを順につないでいくと図2のような線がかける。この線を何というか。

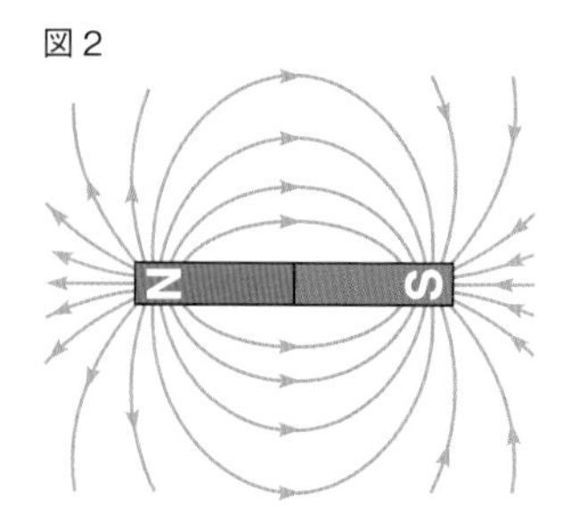

（　　　　）

□ ❺ ❹の線の間隔と❷の強さとは，どんな関係があるか。簡単に書きなさい。

（　　　　）

【磁石のまわりの磁界】

❷ 図1は，棒磁石のまわりの磁界のようすを表したものである。

□ ❶ 図1のaの位置に磁針を置くと，図2の㋐のようになった。棒磁石のAは何極か。（　　　　）

□ ❷ 図1のb，cの位置に磁針を置くと，磁針の向きは図2の㋐〜㋓のどの向きになるか。

b（　　　　）　c（　　　　）

□ ❸ 図1の点Xの位置での磁界の向きは，eとfのどちらの向きか。

（　　　　）

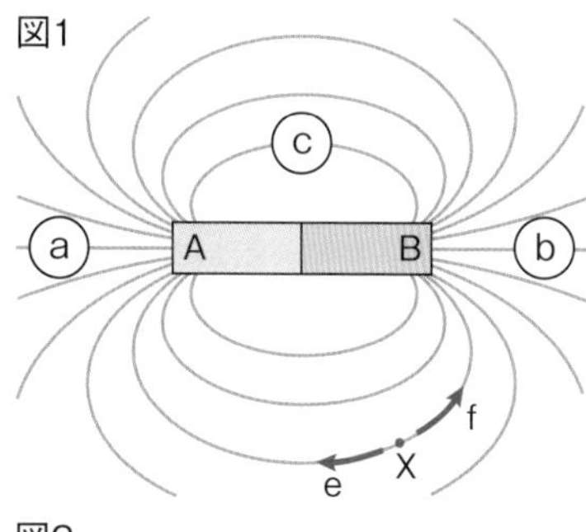

図2

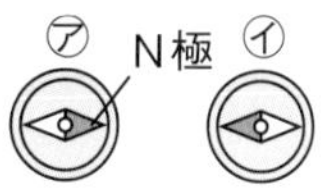

ヒント ❶❺棒磁石の両極では，クリップがついたが，真ん中にはつかなかったことを思い出そう。

ミスに注意 ❷❸方位磁針のN極の向きに注意しよう。

[解答▶p.20]

【電流のまわりの磁界】

❸ 導線に電流を流すと，導線のまわりに磁界ができる。次の問いに答えなさい。

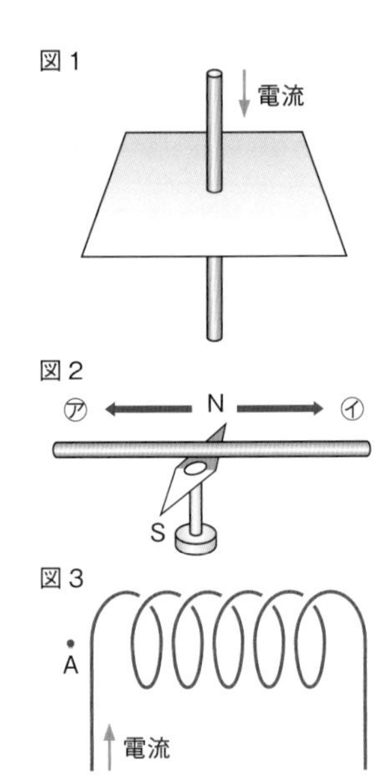

□ ❶ 図1の導線に垂直(すいちょく)に置いた厚紙の上にできる磁界のようすを，図にかきこみなさい。

□ ❷ 導線に電流を流すと，真下に置いた磁針が，図2のようになった。電流は，㋐，㋑のどちらの方向に流れたか。（　　　）

□ ❸ コイルに図3のように電流を流すと，A点の磁界の向きは，図の左右どちらの向きになるか。（　　　）

□ ❹ 図3のA点の磁界を強くするには，どうすればよいか。その方法を1つ答えなさい。

（　　　　　　　　　　）

【電流による磁界】

❹ 電流によって生じる磁界について，次の問いに答えなさい。

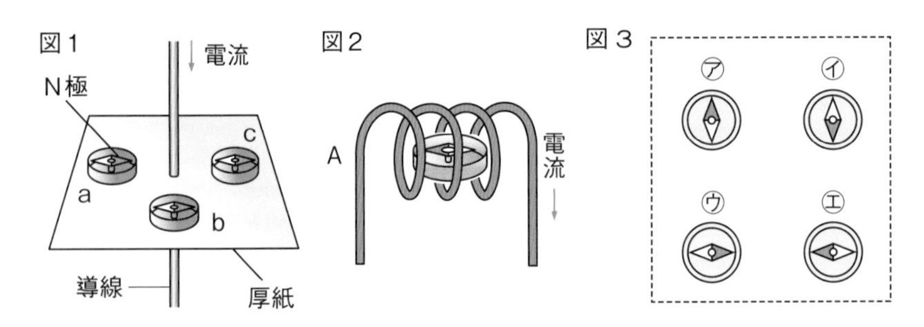

□ ❶ 図1のように，厚紙の上から下向きに電流を流した。

① 図の手前で真上から見たときのa～cの磁針のようすは，図3の㋐～㋓のどれか。

a（　　　）　b（　　　）　c（　　　）

② 導線に流す電流の向きを逆にすると，導線のまわりの磁界の向きはどうなるか。（　　　　　）

□ ❷ 図2のように，コイルに矢印の向きの電流を流した。

① 図の手前で真上から見たときのコイル内の磁針のようすは，図3の㋐～㋓のどれか。（　　　）

② コイルのA側は磁石の何極に相当するか。（　　　）

ミスに注意 ❸❶なめらかな曲線で円をかく。

ヒント ❹❷右手ののばした親指の方向が磁界の向き，曲げた4本の指が電流の向き。

［解答▶p.20］

Step 1 基本チェック　3章 電流と磁界(2)

10分

赤シートを使って答えよう！

❷ モーターのしくみ

▶ 教 p.268-271

□ 磁界の中に置いた導線に電流を流すと，導線は動く。導線が受ける力の向きは，電流の向きにも磁界の向きにも［ 垂直 ］になる。

① 電流を大きくすると，　磁界から受ける力は［ 大きく ］なり，導線は大きく動く。

② 電流の向きを逆にすると，導線が磁界から受ける力の向きは［ 逆 ］になる。

③ 電流の向きを変えずに，磁界の向きを逆にすると，導線が磁界から受ける力の向きは［ 逆 ］になる。

④ 力の向きは，電流と磁界の両方の向きに垂直である。

［ 電流 ］の流れる向き
［ 力 ］の向き
［ 磁界 ］の向き
S
N
導線

□ **電流が磁力から受ける力**

❸ 発電機のしくみ

▶ 教 p.272-277

□ コイルの中の磁界を変化させるとコイルに電流が流れる。この現象を［ 電磁誘導 ］といい，その電流を［ 誘導電流 ］という。

□ 誘導電流は，磁界の変化が［ 速い ］ほど，磁石の磁力が［ 強い ］ほど，コイルの巻数が［ 多い ］ほど大きい。

□ 流れる向きと強さが変わらない電流を［ 直流 ］という。

□ 家庭のコンセントからとり出す電流は，短い時間間隔で電流の向きや大きさが変化する。このような電流を［ 交流 ］という。

□ 交流で，１秒間にくり返す電流の変化の回数をその交流の［ 周波数 ］といい，単位には［ ヘルツ ］(記号Hz）を使う。

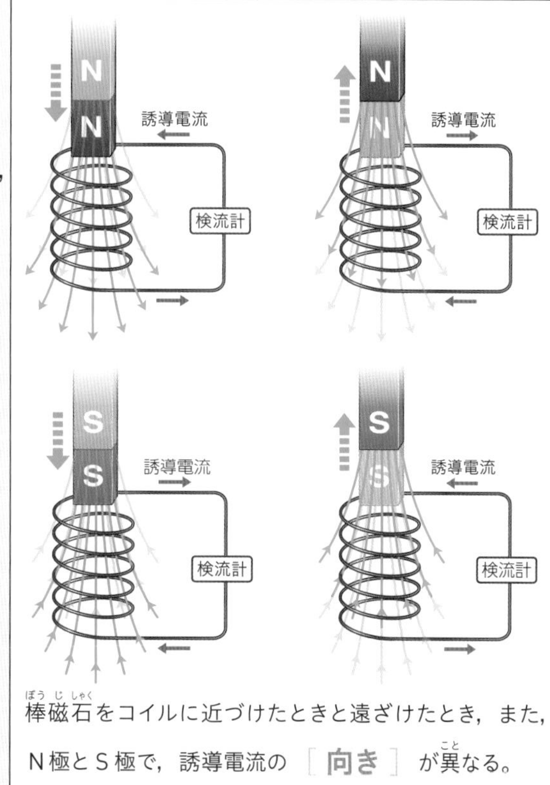

棒磁石をコイルに近づけたときと遠ざけたとき，また，N極とS極で，誘導電流の［ 向き ］が異なる。

□ **磁界の変化と誘導電流の向き**

テストに出る　電流の向きや磁石の向きなど，条件を変えたときの結果をまとめておこう。

Step 2 予想問題 3章 電流と磁界(2)

【磁界の中で電流が受ける力】

❶ 図1のような装置を用いて，電流が磁界の中で受ける力を調べたところ，矢印の向きに力を受けた。次の各問いに答えなさい。

図1

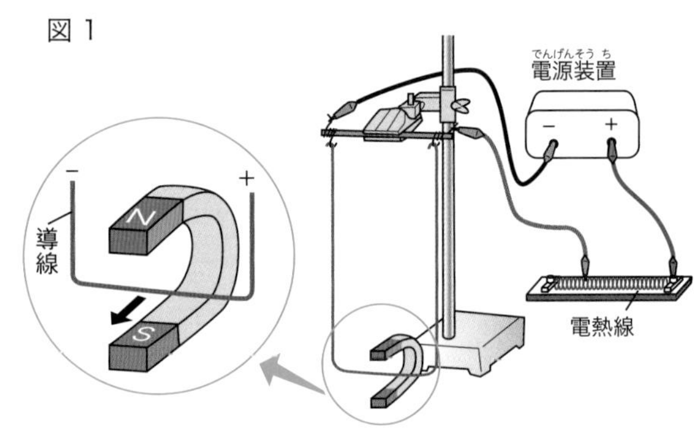

□ ❶ 電流の向きや磁界の向きを変えて，電流の受ける力の向きを調べる。図2の①〜③の場合，導線の動く向きは㋐，㋑のどちらか。それぞれ答えなさい。

① (　　　) ② (　　　) ③ (　　　)

図2

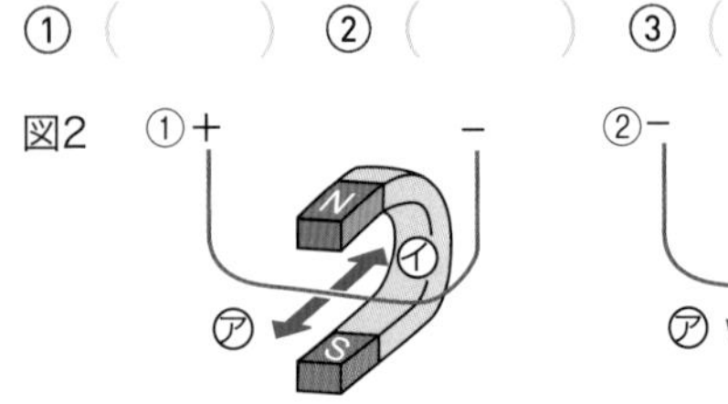

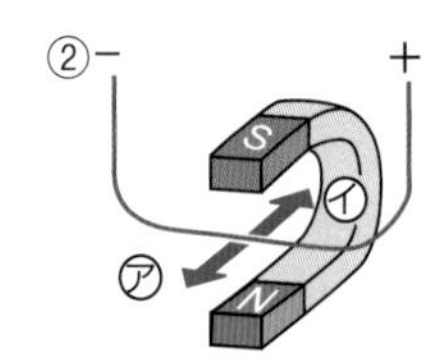

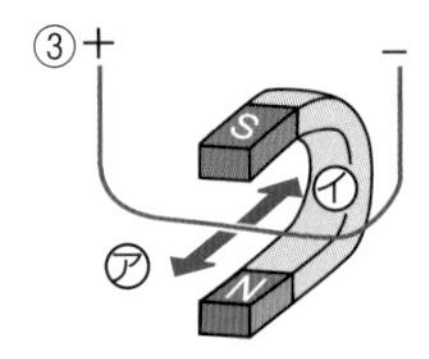

□ ❷ 電流を大きくすると，電流の受ける力はどうなるか。

(　　　　　　　　)

【電流と磁界の間にはたらく力】

❷ 図のような装置で，電圧を6Vにして電流を流したところ，矢印の向きにコイルが動いた。次の問いに答えなさい。

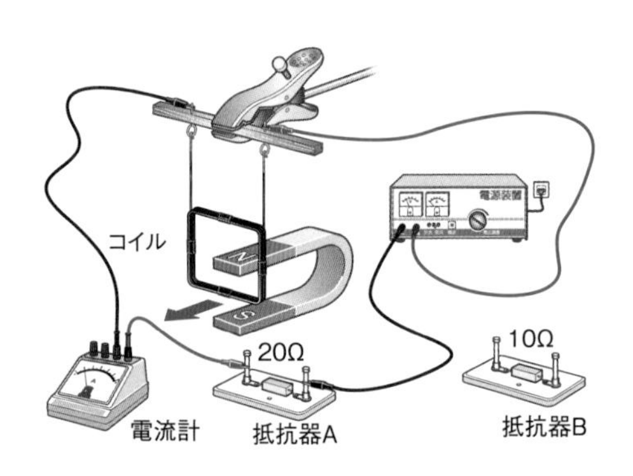

□ ❶ コイルが動く向きを逆にするには，どうすればよいか，1つ書きなさい。

(　　　　　　　　)

□ ❷ 電源電圧を変えないで，抵抗器をAからBに変えると，コイルの動く角度はどうなるか。理由もつけて答えなさい。

(　　　　　　　　)

□ ❸ ❷のとき，コイルを流れる電流は，何Aになるか。ただし，コイルの抵抗は考えないものとする。(　　　)

ミスに注意 ❶❷電流の向きと磁界の向きをよく見よう。

ヒント ❷❷抵抗が小さくなると，電流の大きさは大きくなる。

[解答▶p.21]

【電磁誘導】

❸ 右の図のように，コイルと検流計をつないで，磁石のN極をコイルに近づけたところ，検流計の指針が右に振れた。次の各問いに答えなさい。

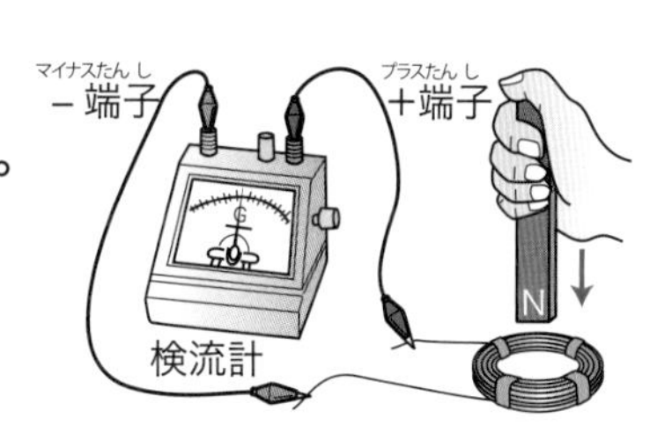

□ ❶ 図のようにして，電流が生じる現象を何というか。

（　　　　　　）

□ ❷ 図のようにして流れた電流を何というか。（　　　　　　）

□ ❸ 図の装置を使って，次の㋐～㋓の操作を行った。検流計の指針が左に振れるものをすべて選びなさい。（　　　　　　）

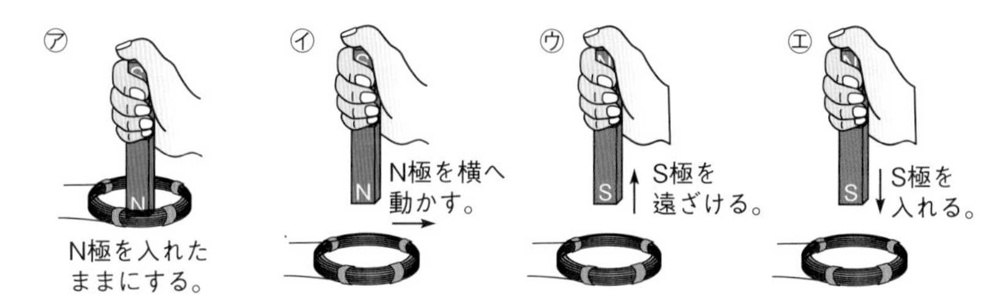

□ ❹ 磁石を固定してコイルを動かしても電流は流れるか。

（　　　　　　）

□ ❺ 次のとき，流れる電流の大きさはそれぞれどうなるか。

① コイルの巻数を少なくする。（　　　　　　）

② 磁石の動きを速くする。（　　　　　　）

【直流と交流】

❹ 直流と交流について，オシロスコープと発光ダイオードで調べた結果，図1～4のようになった。次の各問いに答えなさい。

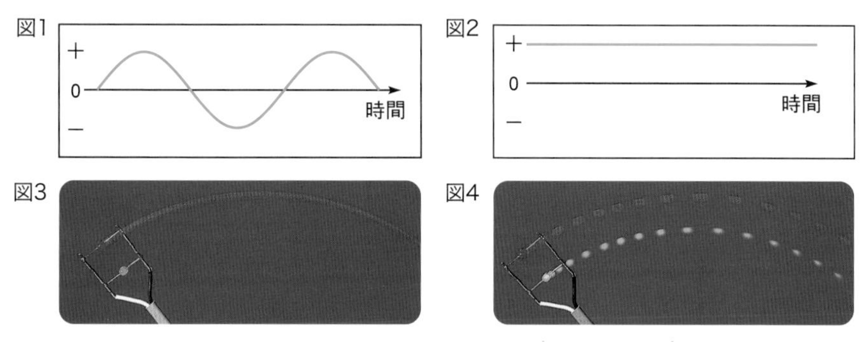

□ ❶ 交流を図1～4からすべて選びなさい。（　　　　　　）

□ ❷ これらの実験からいえる交流の特徴を書きなさい。

（　　　　　　　　　　　）

ヒント ❸❸磁石の向きと，磁石を動かす向きに注目しよう。

Step 3 予想テスト 電流とその利用

30分　　/100点　目標 70点

❶ 図1のような電源装置，電熱線，電流計，電圧計，スイッチを使って回路をつくり，電熱線の両端に加える電圧を変化させ，電熱線に流れる電流を測定した。 技

図1

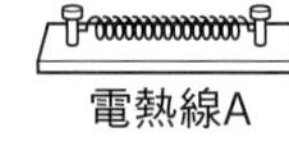

□ ❶ この実験を行うには電源装置，電熱線，電流計，電圧計，スイッチをどのようにつなげばよいか。解答欄の図に導線をかき入れて，回路を完成させなさい。

□ ❷ ❶の回路図を，電気用図記号を使って解答欄にかきなさい。

□ ❸ 電圧計の15Vの端子に接続したとき，電圧計の指針の振れは図2のようであった。電圧の大きさは何Vか。

図2

0　5　10　15
－5　0　1　2　3
V
－　＋

図3

50mA　500mA　5A
＋

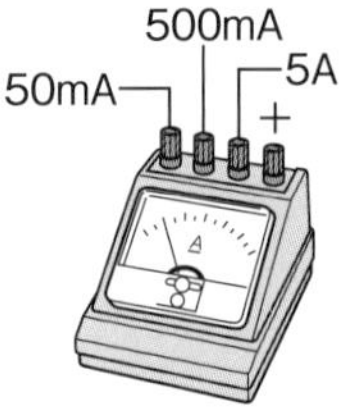

□ ❹ 図3の電流計で回路に流れる電流を測定するとき，回路に流れる電流の大きさが予想できない場合，電流計の－端子はどの端子を使えばよいか。

□ ❺ 図4のグラフは，2種類の電熱線についての測定結果をまとめたものである。電熱線A，Bで，6Vの電圧を加えたときに流れる電流の大きさはそれぞれ何mAか。

図4

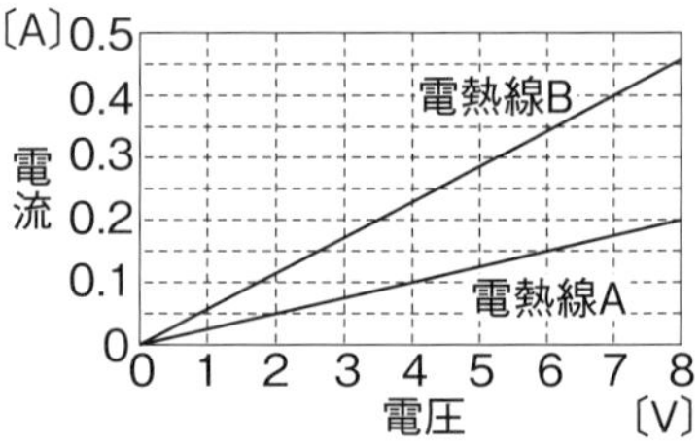

〔A〕電流 0　0.1　0.2　0.3　0.4　0.5
電熱線B
電熱線A
電圧 0　1　2　3　4　5　6　7　8〔V〕

□ ❻ 電熱線を流れる電流と電圧の関係はどのような関係だといえるか。また，このような関係を何の法則というか。

□ ❼ このグラフから，電熱線A，Bで，電流が流れにくいのはどちらか。

□ ❽ 電熱線Aの抵抗は何Ωか。

❷ 家庭で使われているオーブントースター（100V 1000W）と，電気ポット（100V 750W）について，次の問いに答えなさい。 思

□ ❶ 1Vの電圧を加え1Aの電流を流したときの電力はいくらか。

□ ❷ 家庭のコンセントにはふつう100Vの電圧が加えられている。オーブントースターと電気ポットを家庭用のコンセントにつなぐと，それぞれ何Aの電流が流れるか。

□ ❸ オーブントースターが1秒間に生じる熱エネルギーは何Jか。

点UP □ ❹ 消費電力が1000 Wの電気ポットを使用して，同温，同量の水を同じ温度まで加熱するとき，加熱時間は750 Wの電気ポットと比べてどのようになるか。適当なものを下の㋐〜㋓の中から選び，記号で答えなさい。

㋐ 消費する電力量は同じで，加熱時間は短くなる。
㋑ 消費する電力量は同じで，加熱時間は長くなる。
㋒ 消費する電力量は大きく，加熱時間は短くなる。
㋓ 消費する電力量は大きく，加熱時間は長くなる。

❸ コイルや導線のまわりに置いた磁針のようすについて，次の㋐〜㋓
□ の中から誤りのあるものを1つ選びなさい。 技

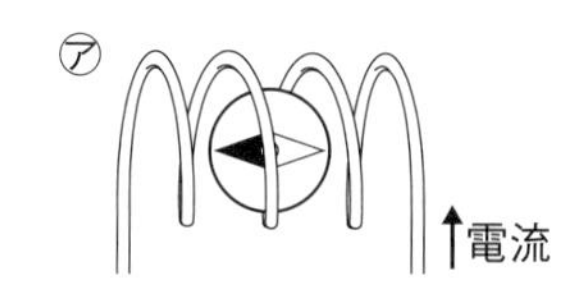

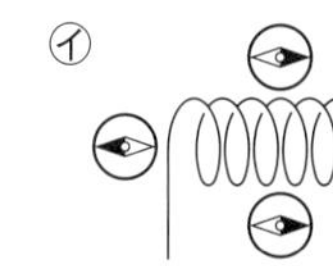

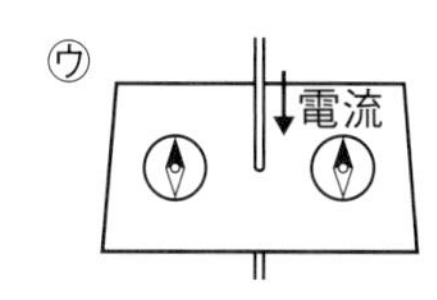

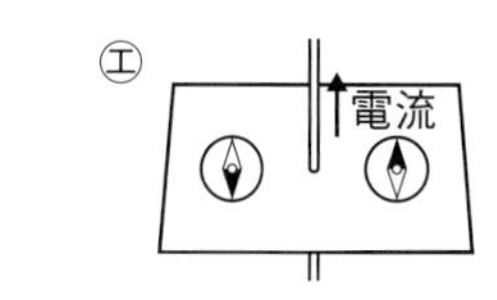

❹ 図のような放電管の左右の電極に高い電圧を加え，放電した。 思

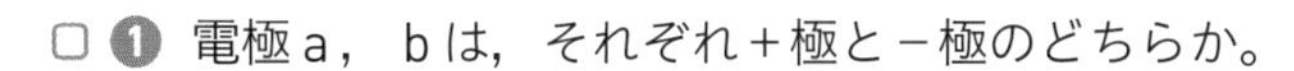
□ ❶ 電極a，bは，それぞれ＋極と−極のどちらか。

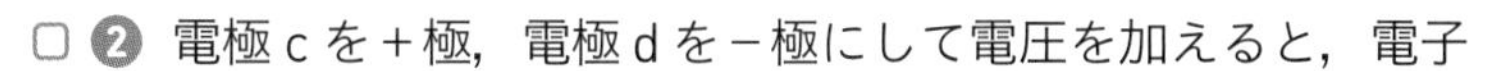
□ ❷ 電極cを＋極，電極dを−極にして電圧を加えると，電子線（陰極線）はどのように変化するか。右の㋐〜㋓から選びなさい。

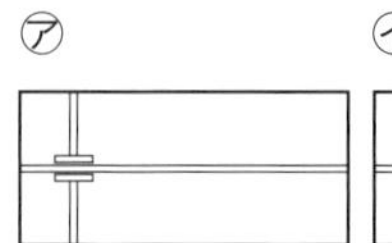
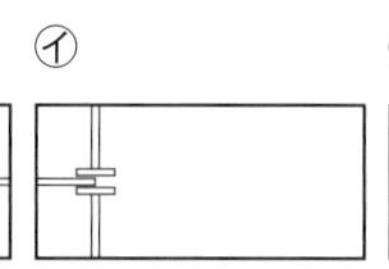
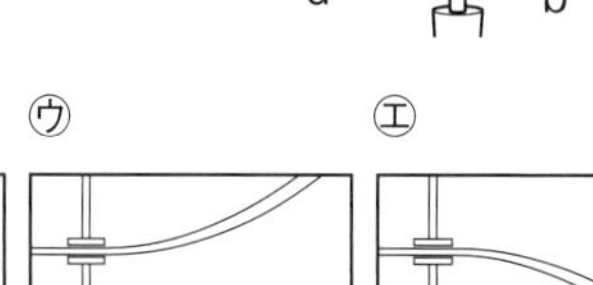

□ ❸ ❷の変化から，電子線についてどのようなことがいえるか。

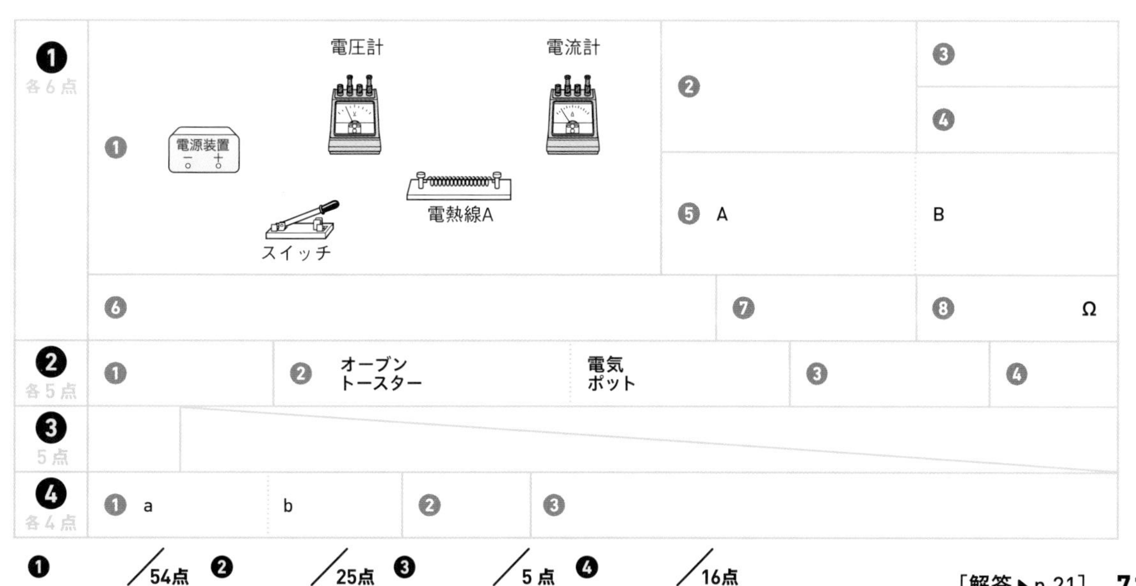

❶ 各6点	❶	❷	❸	❹
		❺ A	B	
	❻	❼	❽ Ω	
❷ 各5点	❶	❷ オーブントースター / 電気ポット	❸	❹
❸ 5点				
❹ 各4点	❶ a / b	❷	❸	

❶ ／54点 ❷ ／25点 ❸ ／5点 ❹ ／16点

［解答▶p.21］

テスト前 ✓ やることチェック表

① まずはテストの目標をたてよう。頑張ったら達成できそうなちょっと上のレベルを目指そう。
② 次にやることを書こう（「ズバリ英語○ページ，数学○ページ」など）。
③ やり終えたら□に✓を入れよう。
最初に完ぺきな計画をたてる必要はなく，まずは数日分の計画をつくって，
その後追加・修正していっても良いね。

目標

	日付	やること 1	やること 2
2週間前	／	□	□
	／	□	□
	／	□	□
	／	□	□
	／	□	□
	／	□	□
	／	□	□
1週間前	／	□	□
	／	□	□
	／	□	□
	／	□	□
	／	□	□
	／	□	□
	／	□	□
テスト期間	／	□	□
	／	□	□
	／	□	□
	／	□	□
	／	□	□

キリトリ線

QRコードのページに登録すると，「ぴたリンク」からも表をダウンロードできるよ

テスト前 ☑ やることチェック表

① まずはテストの目標をたてよう。頑張ったら達成できそうなちょっと上のレベルを目指そう。
② 次にやることを書こう（「ズバリ英語〇ページ，数学〇ページ」など）。
③ やり終えたら□に✔を入れよう。
最初に完ぺきな計画をたてる必要はなく，まずは数日分の計画をつくって，
その後追加・修正していっても良いね。

目標

	日付	やること 1	やること 2
2週間前	／	□	□
	／	□	□
	／	□	□
	／	□	□
	／	□	□
	／	□	□
	／	□	□
1週間前	／	□	□
	／	□	□
	／	□	□
	／	□	□
	／	□	□
	／	□	□
	／	□	□
テスト期間	／	□	□
	／	□	□
	／	□	□
	／	□	□
	／	□	□

QRコードのページに登録すると，「ぴたリンク」からも表をダウンロードできるよ

啓林館版 理科2年 | 定期テスト ズバリよくでる | 解答集

生物の体のつくりとはたらき

p.3-4 Step ❷

❶ ➊ 40倍　➋ 近くなる（短くなる）。
　➌ 視野せまくなる。　明るさ暗くなる。

❷ ➊ タマネギB　ヒトE
　➋ ㋐ 細胞質　㋑ 核　㋒ 葉緑体　㋓ 細胞膜
　　㋔ 細胞壁
　➌ ㋒，㋔
　➍ 染色液酢酸ダーリア溶液　記号㋑

❸ ➊ A細胞膜　B核　C葉緑体
　　D細胞壁　E液胞
　➋ ① B　② D　③ E
　➌ 植物　➍ C，D

❹ ➊ ㋑，㋕，㋖　➋ 単細胞生物
　➌ 多細胞生物　➍ 器官　➎ 細胞呼吸

考え方

❶ ➊ 顕微鏡の倍率＝接眼レンズの倍率×対物レンズの倍率　なので，600÷15＝40倍
　➋ 対物レンズの長さは，倍率が大きいものほど長い。
　➌ 倍率を大きくすると，観察物は大きく見えるが，見える範囲（視野）はせまくなる。また，レンズに入る光の量が少なくなるので，暗くなる。

❷ ➊ タマネギの表皮には，Cに見られるつくりやDに見られる緑色の粒（葉緑体）はない。
　➌ 植物の細胞だけにあるものは，葉緑体，細胞壁（細胞膜のさらに外側のじょうぶな仕切り）である。
　➍ 核は，酢酸オルセイン溶液や酢酸カーミン溶液，酢酸ダーリア溶液で染まり，観察しやすくなる。
　酢酸オルセイン溶液は核を赤紫色に，酢酸カーミン溶液は赤色に，酢酸ダーリア溶液は青紫色に染める。

❸ ➋ ① 染色液で染まるのは核である。酢酸カーミン溶液では赤色に，酢酸オルセイン溶液では赤紫色に，酢酸ダーリア溶液では青紫色に染まる。② 細胞壁は，厚くしっかりした仕切りである。③ 液胞は，細胞が古くなると不要な物質がたまって大きくなる。
　➌ ➍ 植物の細胞に特有なものは，細胞壁と葉緑体である。成長した細胞には，大きな液胞をもつものも多い。

❹ ➊〜➌ タマネギ，ミジンコ，カエル，オオカナダモは，多くの細胞で体がつくられている。
　➍ 形やはたらきが同じ細胞が集まってできたものを組織といい，この組織が集まって器官ができ，いくつかの器官が集まって個体が作られている。
　➎ 生物が生きるために必要なエネルギーを，細胞内で酸素を使って栄養分を分解して取り出している。

p.6-7 Step ❷

❶ ➊ 葉緑体
　➋（葉緑体中の色素の緑色を）脱色するため。
　➌ 青紫色
　➍ A

❷ ➊ A変化なし。　B白くにごる。
　➋ 二酸化炭素
　➌ 対照実験

❸ ①㋔　②㋐

❹ ➊ 水
　➋ ⓑ 二酸化炭素　ⓒ 酸素
　➌ 光（のエネルギー）

❺ ➊ A白くにごる。　B変化なし。
　➋ 植物も（二酸化炭素を出して）呼吸している。

考え方

❶ ② 葉緑体には，葉緑素という緑色の色素がふくまれている。この色素は，水にはとけないが，エタノールにはよくとける。

③ デンプンの有無は，ヨウ素溶液を使って調べる。デンプンがあると青紫色に変色する。

④ Aは，葉緑体のある部分に日光が当たっているので，光合成によって，デンプンができている。Bは，ふの部分なので葉緑体がない。Cは，アルミニウムはくでおおったことによって日光が当たらない。

❷ ① 二酸化炭素の有無は，石灰水のにごりのちがいを調べるか，気体検知管を利用する。

③ 対照実験では，比較のために，調べようとすることがら以外の条件をすべて同じにして行う。植物を入れない試験管を用意して実験を行うのは，石灰水が日光やその他の原因で変化するのではなく，植物のはたらきで変化することを調べるためである。

❸ この実験では，はじめに息をふきこんで，二酸化炭素の割合を大気中にふくまれる割合の0.04 %より高くしている。また，気体検知管は，酸素用気体検知管と二酸化炭素用気体検知管がある。

❹ 光合成に必要な材料は，水と二酸化炭素であり，デンプンなどの栄養分と酸素がつくられる。デンプンは水にとけやすい物質に変わって植物の体全体に運ばれ，酸素は空気中に出て行く。二酸化炭素の検出は，石灰水で行う。酸素の検出は，発生した気体を集めて，火のついた線香を気体に近づけて，激しく燃えることによって確かめる。

❺ 空気だけを入れたペットボトルを用意したのは，対照実験のためである。

② 実験から，若い葉が二酸化炭素を出していることがわかるが，それは酸素をとり入れて呼吸しているからと推測できる。

p.9-10 Step ❷

❶ ① 記号㋒ 名称**道管**

② **維管束**

③ ㋔ **主根** ㋕ **側根**

❷ ① **水，水にとけた養分**

② 根㋓ 茎㋑ ③ **A道管 B師管**

④ **B** ⑤ **維管束**

❸ ① **細胞** ② **葉緑体**

③ **葉脈** ④ ⓓ

⑤ ⓐ **表皮** ⓕ **気孔** ⑥ **B**

⑦ **B側には，葉の裏側に多く見られる気孔があるから。**

❹ ① ㋒ ② **気孔**

③ **蒸散** ④ **昼間**

考え方

❶ ① ㋐は表皮，㋑は師管，㋒は道管である。水にとけた食紅は，根から吸収されて，道管を通って，茎から葉へと移動する。

② 数本の道管と師管が集まって束をつくっている部分を維管束という。

③ 根のつくりは，被子植物のうち，スズメノカタビラやイネ，ススキ，ユリなどでは，多数の細い根が広がったひげ根が見られ，タンポポやアブラナ，エンドウなどでは，主根と側根からなる根が見られる。

❷ ② ㋐と㋒は師管，㋑と㋓は道管である。道管は，直径が比較的大きいのが特徴である。

③ 茎では，Aの道管が中心側，Bの師管が外側にある。葉では，表側に道管，裏側に師管がある。

④ 葉でつくられた栄養分は，師管を通って，植物の体の各部分に運ばれる。

⑤ 維管束は，植物が生きていくために必要な物質を運ぶ。

❸ ① 葉の断面などに見られる小さな部屋のように仕切られたものを細胞という。生物の体は，すべて細胞からできている。

② 葉緑体では，光合成が行われる。

③ 葉に見られる維管束のことを葉脈という。

❹ 葉でつくられた栄養分は，師管で運ばれる。師管は，葉では裏側（下方）に位置する。

❺ ⓐは表皮であり，葉の内部を保護している。ⓕの気孔が見られる葉の裏側にも，細胞が１層の表皮がある。

❻❼ 気孔が多く見られる部分が，葉の裏側と考えられる。

❹ Aのすきまは気孔で，酸素や二酸化炭素の出入り口であり，水蒸気の出口である。Bは三日月形の細胞で，孔辺細胞といわれる。孔辺細胞内には葉緑体があり，図中の黒い粒で示されている。気孔の開閉は，孔辺細胞のはたらきによる。気孔は，ふつうは，昼間開き，夜になると閉じる。

p.12-13 Step❷

❶ ❶ ㋒ ❷ 体温 ❸ 加熱する。 ❹ ㋓ ❺ ㋑
❻ デンプンを分解し別の物質（麦芽糖など）に変えるはたらき。
❼ アミラーゼ

❷ ❶ ㋐ 唾液腺 ㋑ 食道 ㋒ 胃 ㋓ すい臓
㋔ 小腸 ㋕ 大腸 ㋖ 肝臓 ㋗ 胆のう
❷ ㋐，㋓，㋖，㋗ ❸ ㋐
❹ すい液 ❺ 消化酵素

❸ ❶ 小腸 ❷ 柔毛 ❸ リンパ管 ❹ ㋐，㋑
❺ 小腸の表面積を大きくし，栄養分を吸収しやすくする点。

考え方

❶ ❶❷ 唾液のはたらきを調べるので，唾液がある口の中の温度，すなわち体温に近い温度にする。

❸ ベネジクト溶液を加えてから加熱して反応を調べる。

❹ ヨウ素溶液は，デンプンの有無を調べる試薬で，デンプンがあると青紫色に変色する。

❺ ベネジクト溶液は，麦芽糖やブドウ糖の有無を調べる試薬で，麦芽糖やブドウ糖があると黄色や赤褐色の沈殿ができる。

❻ デンプンのりに唾液を加えた液は，デンプンがなくなり，おもに麦芽糖ができている。

❷ 口から肛門までの食物が通る管は消化管。食物は通らないが，消化液を出すところは，唾液腺，すい臓，肝臓などである。食物は，消化液にふくまれる消化酵素によって消化され，小腸で吸収される。消化液には消化酵素がふくまれていて，食物を消化する。肝臓でつくられる胆汁には消化酵素がふくまれていないが，脂肪の消化を助けるはたらきがある。

❷ 消化にかかわる器官には，食物が通る消化管と，食物が通らない唾液腺や肝臓，胆のう，すい臓などがふくまれる。

❸ デンプンは，口の中で唾液中の消化酵素（アミラーゼ）により，最初に消化される。

❸ 小腸の壁にはたくさんのひだがあり，ひだの表面にはたくさんの柔毛があって，栄養分を吸収する面積を大きくしている。

❹ デンプンが消化されてブドウ糖となり，タンパク質が消化されてアミノ酸になる。これらは，柔毛の毛細血管内に入る。デンプンは，粒が大きいので吸収されない。脂肪が消化されたものは，柔毛に吸収され，再び脂肪となってリンパ管内に入る。

p.15-16 Step❷

❶ ❶ A気管 B気管支 C肺胞
❷ ①㋑ ②㋐
❸ 表面積が増えるため，効率よく酸素と二酸化炭素の交換ができる。

❷ ❶ A腎臓 B輸尿管 Cぼうこう
❷ アンモニア ❸ 尿素 ❹ ㋑

❸ ❶ ▲酸素 ●栄養分
❷ 血しょう
❸ 組織液
❹ 血液中の酸素や栄養分を細胞にわたし，細胞中の二酸化炭素やアンモニアなどを血液にわたす。

❹ ❶ 肺 ❷ ⓐ，ⓓ ❸ A，C ❹ A，D
❺ 肺動脈 ❻ 体循環

▶ 本文 p.15-19

考え方

❶ ① 肺の構造は，鼻や口から吸いこまれた空気が通る気管と，気管が細かく枝分かれした気管支と，気管支の先につながる多数の肺胞からできている。肺胞のまわりは，毛細血管が網目のようにとり囲んでいる。

② 肺胞へ入る（図の㋑）血液は，酸素が少なくて二酸化炭素が多い。肺胞から出る（図の㋐）血液は，酸素が多くて二酸化炭素が少ない。

③ 多数の肺胞があるので，空気に接する面積が大きくなり，酸素と二酸化炭素の交換が効率よく行われる。

❷ 不要な物質や余分な水・無機物は腎臓でこし出され，輸尿管を経てぼうこうに一時ためられ，尿として体外に排出される。腎臓のはたらきにより，血液中の無機物などは，全身の細胞が生きていくのに適した濃さに保たれている。

② ③ デンプンなどの炭水化物が分解されると，二酸化炭素と水になるが，アミノ酸が分解されると，二酸化炭素や水以外に，アンモニアができる。これは有害であり，肝臓で害の少ない物質である尿素に変えられて腎臓へ送られる。

❸ 血液の液体成分である血しょうが，毛細血管からしみ出して，細胞の間に流れ出たものを組織液という。組織液と細胞との間で，いろいろな物質のやりとりが行われる。血液中からは，酸素と栄養分を受けとる。また，細胞のさまざまなはたらきによってできる不要な物質（二酸化炭素やアンモニア）は，血しょうにとけて運ばれる。

① 円盤状をしたAは赤血球である。赤血球にはヘモグロビンという赤い物質がふくまれている。ヘモグロビンは酸素が多い所では酸素と結びつき，酸素が少ない所では酸素を離す性質がある。この性質によって酸素が運搬される。

③ 血しょうと組織液は，とけている物質はほとんど同じである。赤血球は，毛細血管の壁のすきまから出ることができない。

❹ ③ 動脈は，心臓から強い圧力で押し出された血液が流れるので，心臓の周期的な拍動に合わせて脈を打つ。

④ 動脈血はヘモグロビンと酸素が結びついているため，あざやかな赤色をしているが，静脈血は，全身の細胞に酸素をわたした血液なので，暗赤色をしている。

⑤ 心臓から出て行く血液が流れる血管が動脈で，心臓にもどる血液が流れる血管が静脈である。Aは心臓から肺に向かって流れる肺動脈である。(流れている血液は静脈血なので，二酸化炭素を多くふくんでいる。)

p.18-19　Step ❷

❶ ① B　② 目

❷ ① A 虹彩　B レンズ　C 網膜

② A㋐　B㋒　C㋑

❸ ① A 鼓膜　B 耳小骨　C うずまき管

② C

❹ ① A 脳　B 脊髄

② ⓐ感覚神経　ⓑ運動神経

③ ㋑　④ 反射　⑤ ㋐

❺ ① けん　② 関節　③ ㋑

考え方

❶ ヒメダカは周囲の動きを目で感じとり，同じ位置にとどまるように動く。

❷ ② 網膜には，光の刺激を受けとる細胞がある。光の刺激の信号は，神経によって脳へ送られる。なお，瞳が大きくなったり，小さくなったりするのは，意識とは関係なく起こる反応で，反射の1つである。

❸ ② 耳では，音の振動を鼓膜でとらえ，耳小骨が鼓膜の振動をうずまき管に伝え，うずまき管の中の液体をふるわせることによって，音の刺激を受けとっている。

❹ 意識して行う反応のしくみは，刺激→感覚器官（皮膚）→感覚神経→脊髄→脳→脊髄→運動神経→運動器官（筋肉）→反応となる。

②③ 反射では，脳は関係しない。反応までの時間が短いので，体を危険から守るのにつごうがよい。

❺ ① ヒトのうでには，骨を中心にして，両側に一対の筋肉がある。これらの筋肉の両端は，けんになっていて，関節をへだてた２つの骨についている。

② 骨どうしが結合している部分を関節といい，関節の部分で曲げたりのばしたりすることができる。

③ うでの曲げのばしは，一対の筋肉のうちの，どちらか一方が収縮し，他方がゆるむことで行われる。うでをのばすときは，ⓓの筋肉が縮む。

p.20-21 Step ❸

❶ ① A

② ㋐ **細胞膜** ㋑ **核** ㋒ **液胞**

③ **光合成**

④ **多細胞生物**

❷ ① **水面からの蒸発を防ぐため。**

② **蒸散**

③ 5.6 cm^3

④ 1.3

⑤ **気孔は葉の裏に多い。**

⑥ 記号 b 記号 c 名称**道管**

⑦ **葉脈**

⑧ **水蒸気，酸素，二酸化炭素**

❸ ① b

② **肝臓**

③ ㋒，㋔

④ ① I ② E ③ F

考え方

❶ ①② 細胞は，核をもっている。この核のまわりの部分を細胞質といい，そのいちばん外側は細胞膜で囲まれている。植物細胞の特徴として，細胞壁や葉緑体，発達した液胞がある。

③ 植物細胞に見られる緑色の粒の葉緑体は，光合成により，デンプンをつくるはたらきをしている。

④ 多くの細胞で体ができている生物を多細胞生物，１つの細胞で体ができている生物を単細胞生物という。

❷ ① 植物の蒸散量を調べる実験なので，水面から直接水が蒸発すると正確な蒸散量を測定することができない。

③ $B - D = 5.8\ cm^3 - 0.2\ cm^3 = 5.6\ cm^3$

④ A－③の値 $= 6.9\ cm^3 - 5.6\ cm^3 = 1.3\ cm^3$

または，

$A - B + D = 6.9\ cm^3 - 5.8\ cm^3 + 0.2\ cm^3$
$= 1.3\ cm^3$

⑤ BとCの減水量のちがいは，葉の裏からの蒸散量と葉の表からの蒸散量のちがいである。

⑥ 根から吸収された水は，道管を通って体の各部に運ばれる。道管は茎では中心側に，葉では表側に位置する。

⑦ 根や茎で見られた維管束が枝分かれしたものである。

⑧ 蒸散だけではなく，光合成や呼吸による気体の出入りもある。

❸ ① Cの血管は，心臓の右心房につながっているので，全身に送られた血液が心臓にもどってくる静脈である。Jが動脈，Bが肺動脈，Iが肺静脈である。

②③ 小腸とEの血管でつながっているXの器官は肝臓である。肝臓は，小腸で吸収された栄養分をEの血管を経由して受け取り，貯蔵している。このほかに肝臓には，胆汁の生成，有害物質の無害化，アンモニアから尿素の生成，タンパク質・脂肪の合

成などのはたらきがある。

❹ ① 血液は，肺で酸素をとり入れ，二酸化炭素を排出する。このため，肺から出て心臓の左心房につながっている肺静脈（I）には，酸素をもっとも多くふくむ動脈血が流れている。

② 消化された栄養分は，小腸から体内に吸収され，肝臓に向かい，肝臓で栄養分を別の物質につくり変えたり，たくわえたりする。したがって小腸と肝臓をつなぐ血管（E）がもっとも栄養分が多い。

③ アミノ酸が分解されてできたアンモニアは，肝臓で尿素に変えられ，腎臓へ送られる。腎臓で尿素はこし出されて尿になり，体外に排出される。したがって，腎臓を通過した血管（F）がもっとも尿素が少ない。

地球の大気と天気の変化

p.23-24 Step 2

❶ ❶ **大気圧（気圧）**

❷ **1気圧**

❸ **あらゆる向きからはたらく。**

❹ ペットボトルのようす**ふくらむ。**

理由**高い山では大気圧は小さいから。**

❷ ❶ **A**

❷ **20** N

❸ **4倍**

❹ **2000** Pa

❸ ❶ ⓐ

❷ **雨のちくもりになっている。**

❸ ① **大きい**　② ○

③ **高くなっている。**　④ ○

❹ 風向…**南西**　風力…**2**　天気…**晴れ**

雲量…㋑

❺ ① **14** ℃　② **78** %

考え方

❶ ❶ ペットボトルの中の空気をぬくと，ペットボトルの中から外に向かってはたらく気圧よりも，まわりの大気からペットボトルにはたらく大気圧のほうが大きくなり，ペットボトルは押しつぶされる。

❷ 大気圧の大きさは，海面と同じ高さの所ではほぼ1気圧（平均約1013 hPa）である。

❸ 大気圧は下向きだけでなく，あらゆる向きから物体の表面に垂直にはたらく。

❹ 上空にいくほど，その上にある大気の重さがが小さくなるので，山の上の大気圧は小さくなる。

❷ ❶ スポンジを押す力が同じとき，ふれ合う面積が小さいほど圧力は大きい。

❷ スポンジを押す力は，ペットボトルにはたらく重力と同じ大きさになる。

❸ Aの面積はBの面積の$\frac{1}{4}$なので，Aの圧力はBの圧力の4倍になる。

❹ 20 N÷0.01 m^2＝2000 Pa

❸ ❶ 晴れの日の正午すぎに最高値になるのが気温である。

❷ 気圧が低くなったのは，低気圧におおわれたからと考えられる。そのため，雲が発生し雨が降ってて，1日の気温の変化が小さくなっていた。

❸ ① 気温の変化は晴れの日のほうが大きく，雨やくもりの日は小さい。

② 気温が高くなれば，湿度は低くなり，変化のしかたは逆になっている。

③ 雨が降ると，空気中の水蒸気量がふえ，湿度は高くなっている。

④ 明け方など，気温が低いほど，湿度は高くなっている。

❹ 風向は，矢ばねが向いている方角を読みとる。風力は矢ばねのはねの数，天気は天気記号から読みとる。雲量が，0～1は快晴，2～8は晴れ，9～10はくもりである。

❺ ① 乾球の示度が気温である。

② 乾球の示度が14 ℃，乾球の示度−湿球の示度＝14－12＝ 2 ℃なので，14 ℃と2.0 ℃の交点の値を読みとる。

p.26-28　Step ❷

❶ ❶ **線香のけむり**

❷ **白いものがさかんに動いて見える。**

❸ ㋐，㋒

❹ ㋐，㋔

❷ ❶ **大きくなる。**

❷ **（わずかに）下がる。**

❸ **白くくもる。**

❸ ❶ **ⓐ水蒸気　ⓑ水滴　ⓒ氷（の粒）**

❷ **0 ℃**

❸ **① 膨張　② 下がる　③ 水蒸気　④ 氷　⑤ 上昇気流　⑥ 雲**

❹ ❶ **降水**

❷ **陸地や海からの蒸発**　など

❸ **太陽光（のエネルギー）**

❺ ❶ **10** ℃

❷ **9.4** g

❸ **17.3** g

❹ **54.3** %

❺ **コップの表面の温度が露点以下になったため，まわりの空気にふくまれていた水蒸気の一部が水滴になったから。**

❻ ❶ **飽和水蒸気量**

❷ **21** g

❸ **B**

❹ **記号A**　温度**22** ℃

❺ **5** g

考え方

❶ ガラス容器内の空気が急激に冷やされたために細かい水滴（霧）が発生する。

❶ 線香のけむりを入れておくと，線香のけむりの粒が核となり，ぬるま湯が冷やされたときに，小さな水滴になりやすい。

❷ 水蒸気が小さな水滴となって白く見える。

❸ ❹ 水蒸気を多くふくんだあたたかい空気が，冷たい空気と接すると，あたたかい空気は冷やされて露点に達し，水蒸気が小さな水滴に変化する。

なお，風のない晴れた日には，早朝に気温がもっとも下がる。

❷ 圧縮した容器から手を放すと，容器内の空気が膨張して，温度が下がる。露点以下になったときに水滴が生じ，容器内を白くくもらせる。

❸ あたためられた空気は上昇し，膨張することで温度が下がる。このとき空気の湿度が高いほど，空気にふくまれている水蒸気の量が多いため，より高い温度で露点に達する。

❶ ⓐは空気中にふくまれている水蒸気(気体)を表している。ⓑは露点に達したところからできはじめているので，水蒸気が変化した水滴（液体）である。ⓒは，さらに上空の気温が低い所で変化しているので，氷の粒（固体）である。

❷ 水滴（液体）が氷の粒（固体）に変化する温度なので，0 ℃である。

❸ 空気が上昇すると，上空は気圧が低いために膨張して温度が下がる。

❹ 水は，太陽光のエネルギーによって，状態を変化させながら地球上を循環する。

❷ 植物の蒸散によっても，空気中に水蒸気がもたらされる。

❺ ❶ コップの表面がくもりはじめるときの温度が，露点である。

❷ 露点が10 ℃であるから，表より10 ℃の飽和水蒸気量を読みとる。

❹ 20 ℃の飽和水蒸気量は表より17.3 g/m^{3}であり，この部屋の空気1 m^{3}あたり9.4 gの水蒸気がふくまれている。

よって，$\frac{9.4}{17.3}\times 100 = 54.33\cdots$

❻ ❷ グラフより，温度が30 ℃のとき，飽和水蒸気量は30 gなので，その70 %にあたる量を求める。$30\ \text{g}\times\frac{70}{100} = 21\ \text{g}$

➌ グラフからA，B，Cそれぞれの温度での飽和水蒸気量と，実際にふくまれる水蒸気の量を読みとり，湿度を求める。

A：$\frac{20}{30}\times100=66.6\cdots$

B：$\frac{10}{30}\times100=33.3\cdots$

C：$\frac{15}{17}\times100=88.2\cdots$

➍ 露点は，空気中にふくまれる水蒸気量で決まり，水蒸気量が多い空気ほど露点は高い。

➎ 10 ℃での飽和水蒸気量は，約10 gであるから，それをこえる水蒸気量は水滴になる。よって，15 g − 10 g = 5 g

p.30-31 Step ❷

❶ ➊ **Q地域**

➋ **P地域㋑　Q地域㋓**

➌ **P地域**　➍ **P地域**

➎ **1012 hPa**

❷ ➊ **A寒冷前線　B温暖前線**

➋ **㋑**　➌ **閉塞前線**　➍ **停滞前線**

❸ ➊ **寒冷前線**

➋ **・気温が急激に下がっている。**

・風向が北よりに変化している。

➌ **㋒**

➍ **① ㋑　② 短時間に強いにわか雨が降る。**

➎ **① ㋑　② 移動性高気圧　③ 偏西風**

考え方

❶ 気圧の高いほうから低いほうへ風はふき，等圧線の間隔がせまいほど強くふく。また，高気圧では晴れることが多く，低気圧ではくもりや雨になりやすい。

➊ P地域は等圧線の間隔が広く，Q地域は等圧線の間隔がせまい。等圧線の間隔がせまいほど，一定区間の気圧の差が大きいため，風が強くなる。

➋➌ P地域の中心はまわりよりも気圧が高いところで高気圧，Q地域の中心はまわりよりも気圧が低いところで低気圧である。風は高気圧の中心から時計回りにふき出し，低気圧のまわりでは，中心に向かって反時計回りにふきこむ。

➍ 低気圧の中心付近では，まわりからふきこんだ風によって上昇気流が生じるため，雲が発生しやすく，くもりや雨になることが多い。一方，高気圧の中心付近では下降気流が生じるため，雲ができにくく　晴れることが多い。

➎ 等圧線は1000 hPaを基準に，4 hPaごとに細い実線で結び，20 hPaごとに太い実線で結ぶ。

P地域は高気圧なので，ⓐの等圧線は1020 hPaよりも 4 × 2 = 8 hPa低い。

1020 − 8 = 1012 hPa

❷ ➊ 低気圧の西側が寒冷前線，東側が温暖前線である。

➋ 寒冷前線と温暖前線にはさまれた地域は，暖気におおわれている。

➌ 寒冷前線の進み方は温暖前線より速いことが多いため，やがて寒冷前線は温暖前線に追いついて，閉塞前線ができる。

➍ 寒気と暖気が同じ力で押し合うとき，前線は停滞する。梅雨前線などがそうである。

❸ ➊➋ 寒冷前線が通過すると，気温が下がり，風向が北よりに変わり，短時間に強い雨が降る。

➌ 寒冷前線ができるところでは，寒気が暖気の下にもぐりこんでいる。

➍ 寒気が暖気を強く押し上げるため，強い上昇気流が発生し，盛り上がった形の積乱雲ができる。積乱雲は激しい雨をせまい範囲に短時間降らせる。

➎ 日本上空には，1年中強い西風がふいている。この風によって，低気圧や高気圧は西から東へ移動する。

p.33-35 **Step ❷**

❶ ① **陸**
② **陸**
③ **b**
④ **海風**
⑤ **a**

❷ ① **A**
② **シベリア気団**
③ **移動性高気圧**
④ **㋑**
⑤ **① 小笠原　② 停滞（秋雨）　③ 低気圧**

❸ ① **㋑**
② **水蒸気を多くふくむ。**
③ a **くもりや雪の日が多い。**
b **晴れて，乾燥した日が多い。**
④ **㋑**　⑤ **西高東低**の気圧配置

❹ ① **つゆ（梅雨）**　② **梅雨前線（停滞前線）**
③ 気団B **冷たくて湿っている。**
気団C **あたたかくて湿っている。**
④ **くもりや雨の日**

❺ ① **ない。**
② **上昇気流**
③ **積乱雲**
④ **熱帯地方（低緯度）の海上**
⑤ **㋑**
⑥ **太平洋**高気圧
⑦ **大雨，強風，高潮，河川の氾濫，土砂災害のうち２つ**

❻ ① **①C　②D　③A　④B**
② **オホーツク海気団，小笠原気団**
③ **移動性高気圧**

考え方

❶ ① 陸地は海に比べて，あたたまりやすく，冷めやすい。
② 昼は陸上の空気が海上の空気より密度が小さくなり，上昇していく。
③ ④ 陸上に上昇気流が生じると，海側からの空気が流れこんで海風が生じる。
⑤ 逆に，夜は海のほうがあたたかい（陸のほうが気温が低くなる）ので，気圧が低くなり，地表付近では陸から海へ陸風がふく。

❷ ① ② 冬には，シベリア気団が発達し，冷たく乾燥した季節風がふく。この季節風は，日本海上空で水蒸気をふくみ，日本海側は雪になる。雪を降らせて水蒸気が少なくなった大気は，日本の中央山脈をこえ，冷たく乾燥した風となって，太平洋側にふき下りてくる。
③ ④ 移動性高気圧と低気圧が，偏西風の影響で西から東へ動いていく。４～７日の周期で天気がよく変わる。㋐は小笠原気団の影響による夏のようす，㋒はシベリア気団の影響による冬のようす，㋓は小笠原気団とオホーツク海気団の勢力がほぼ等しいために，２つの気団の間にできる停滞前線の影響による６月ごろの梅雨や，９月ごろの秋雨のようすである。
⑤ 秋のはじめには，小笠原気団がおとろえて南に下がるため，梅雨と同じような気圧配置になって雨の日が続くことがある。これを秋雨という。秋雨をもたらした停滞前線（秋雨前線）が南下すると，春と同じように，偏西風の影響を受けて，日本付近を移動性高気圧と低気圧が交互に通過する。そのため，天気は周期的に変化する。その後，シベリア気団が発達してきて，しだいに冬の気圧配置へと変化する。

❸ ① シベリア気団は，北の大陸に発生する気団である。北の気団は冷たく，大陸の気団は乾燥している。
② 気団からふき出した乾燥した風は，日本海を渡るときに大量の水蒸気をふくむ。
③ 日本海で大量の水蒸気をふくんだ風が日本列島の山脈にぶつかって上昇気流になって雲をつくり，日本海側に雪を降らせる。雪を降らせて水分が少なくなった風は，山脈をこえて太平洋側にふき下りる。このため，太平洋側は晴れた日が多くなる。

④⑤ 冬の気圧配置は，西に高気圧，東に低気圧がある，西高東低(せいこうとうてい)の気圧配置になる。

❹ ① 日本の南の太平洋上には，東西にのびる前線が停滞している。6月ごろに見られるこの天気図は，つゆ（梅雨）の時期の天気図である。

② 北にはり出したオホーツク海気団と，南にはり出した小笠原気団の勢力がつり合うと，図のような停滞前線（梅雨前線(ばいうぜんせん)）が2つの気団の間に発生する。

③ 気団Bはオホーツク海気団であるから，冷たく湿っている気団である。一方，気団Cは小笠原気団であるから，あたたかく湿っている。北の地域で発生する気団は冷たく，南の地域で発生する気団はあたたかい。また，陸上で発生する気団は乾燥しているが，海上で発生する気団は湿っている。

④ 前線が停滞するので，雨の多いぐずついた天気が続く。

❺ ① 台風（熱帯低気圧）は，前線をともなわない。天気図では，台風は前線をともなわず，間隔(かんかく)がせまくて密になったほぼ同心円状の等圧線(とうあつせん)で表される。

② 台風の中心に向かって強い風がふきこむため，激(はげ)しい上昇気流が生じている。

③ 台風の中心に向かってふきこむ強風によって，激しい上昇気流が生じる。そのため，上空には積乱雲(せきらんうん)（鉛直(えんちょく)方向に発達した雲）が分布する。

④ 台風が発生するのは，緯度(いど)約5°～20°の高温の海域である。台風は熱帯地方のあたたかい海から供給される多量の水蒸気をもとに発達しながら移動し，中心付近の気圧はどんどん低下し，風速は急激に強くなる。

⑤ 夏から秋にかけて発生した台風は，消滅(しょうめつ)するまで小笠原気団のへりに沿って進み，日本付近を通る。

❻ ① Aは，停滞前線が日本南方に位置し，梅雨または秋雨を示しているので，夏の前後（6月や9月）の天気図である。

Bは，大陸上にシベリア気団があり，東に低気圧がある。このため，等圧線が南北方向にのびて，西高東低の冬型の天気図を示している。

Cは高気圧がすっぽりと日本をおおい，よい天気になっている。しかし，西のほうには低気圧があり，数日後には天気が悪くなると予想される。このように周期的に天気が変化するのは，春や秋の特徴(とくちょう)である。

Dは，太平洋に小笠原気団が大きくはり出している。また，台風も小笠原気団のふちに位置しているので，小笠原気団の勢力が強いことがわかる（台風は北西に進んだ後，小笠原気団のふちを沿うように北東に進路をとることが多い）。典型的な夏の天気図である。

② 図Aのような停滞前線は，勢力がほぼ同じであるオホーツク海気団と小笠原気団がぶつかり合って，その間にできたものである。勢力が等しい気団の間にはさまれているため，停滞前線は長い間，同じ場所にとどまって動かない。

③ 春や秋には，偏西風の影響で，高気圧が西から東に移動してくる。この高気圧を移動性高気圧という。移動性高気圧の西には，低気圧があり，高気圧と低気圧が交互に日本列島にやってくる。

p.36-37 Step 3

❶ ① **飽和水蒸気量** ② **55** % ③ **10.3** g
④ **15** ℃ ⑤ **6.0** g

❷ ① **まわりより気圧が低いところ**
② X **寒冷前線** Y **温暖前線**
③ **Y** ④ **B** ⑤ **㋑** ⑥ **㋐**

❸ ① A㋒ B㋓ C㋑
② A㋐ B㋒ C㋑
③ **西高東低** ④ **梅雨前線（停滞前線）**

❹ ① ⓐ→ⓓ→ⓑ→ⓒ
② **西**から**東** ③ 約**1000** km
④ ㋐，㋔

考え方

❶ ② 湿度〔%〕

$$=\frac{\text{空気 1 m}^3\text{中にふくまれる水蒸気量〔g/m}^3\text{〕}}{\text{その温度での飽和水蒸気量〔g/m}^3\text{〕}}\times 100$$

より，$\frac{12.8}{23.1}\times 100=55.4\cdots$ %

③ 温度が25 ℃の空気の飽和水蒸気量は23.1 g/m³であり，現在の空気中には12.8 g/m³の水蒸気がふくまれている。よって，1 m³の空気はさらに，23.1 g − 12.8 g = 10.3 gの水蒸気をふくむことができる。

④ 飽和水蒸気量が12.8 g/m³になるときの温度がその空気の露点である。また，露点以下では湿度は100 %となる。

⑤ 空気の温度が15 ℃より低くなると，空気中にふくみきれなくなった水蒸気が水滴となって現れる。空気の温度が5 ℃のときの飽和水蒸気量は6.8 g/m³なので，水滴になるのは，12.8 g − 6.8 g = 6.0 gである。

❷ ② 低気圧の中心の東側が温暖前線，西側が寒冷前線である。

③ 寒冷前線では，前線面に強い上昇気流を生じ，積乱雲ができる。一方，温暖前線では，前線面にゆるやかな上昇気流が生じ，層状の雲ができる。

④ 温暖前線の通過後から寒冷前線の通過前までは，暖気におおわれている。

⑤ B地点は暖気におおわれ，南西の風がふきこんでいる。

❸ ① A：小笠原気団が勢力をもち，南高北低の気圧配置→夏。
B：シベリア気団が大陸で勢力をもち，太平洋上に低気圧がある西高東低の気圧配置→冬。
C：オホーツク海気団と小笠原気団の間に停滞前線→つゆ（梅雨）。

③ 大陸側のシベリア気団の高気圧と太平洋上の低気圧の間で，等圧線が南北（縦）に見られる。→西に高気圧，東に低気圧がある西高東低の気圧配置。

④ オホーツク海気団と小笠原気団の勢力がつり合い，日本の南岸に前線が停滞する。

❹ ① ② 日本付近の上空には，偏西風という強い西からの風がふいている。この偏西風の影響により，日本付近では天気が西から東へ移り変わる。

③ 5月4日ⓓの低気圧の中心は，九州の北部にあり，その1日後の5日ⓑの低気圧の中心は，東北地方の太平洋上にある。およそ，1日で1000 km程度移動している。

④ 5月ごろに日本付近を西から東に通過する高気圧は，移動性高気圧である。

化学変化と原子・分子

p.39-40 Step ❷

❶ ❶ もともと装置内にあった空気が出てくるため。

❷ 石灰水の変化**白くにごる。**

気体名**二酸化炭素**

❸ **赤色**

❹ **水**

❺ **生じた水が試験管の底に流れないようにするため。**

❻ **濃い赤色になる。**

❼ **炭酸ナトリウム**

❽ **試験管B内の液体の逆流を防ぐため。**

❷ ① 銀　② 酸素　③ 分解　④ 熱分解

❸ ❶ 電流が流れやすくするため。

❷ 電極A**酸素**　電極B**水素**

❸ **1：2**

❹ ❶ ㋑　❷ 刺激臭　❸ 塩素　❹ 銅

❺ ❶ ① B　② C　③ A

❷ **㋑，㋓**

考え方

❶ ❶ 試験管やゴム管などの中には，もともと空気が入っている。発生した気体が何かを調べるためには，発生した気体だけを集める必要がある。

❷ 石灰水(せっかいすい)は，二酸化炭素を確認するときに使う水溶液(すいようえき)である。石灰水に二酸化炭素を通すと，炭酸カルシウムという水にとけにくい物質ができるため，石灰水は白くにごる。

❸ ❹ 乾(かわ)いた塩化コバルト紙は青色で，水にふれると赤色になる。

❺ 生成した水が試験管の加熱部分に流れると，試験管が急冷されることにより，破損(はそん)するおそれがある。

❻ ❼ 試験管A内に残った白い粉末は，炭酸水素ナトリウムが分解されてできた炭酸ナトリウムである。炭酸ナトリウムと炭酸水素ナトリウムを水にとかすと，炭酸ナトリウムのほうが水にとけやすい。炭酸ナトリウムと炭酸水素ナトリウムをとかした水溶液は，ともにアルカリ性であるから，フェノールフタレイン溶液を加えると，赤色に変化する。ただし，炭酸ナトリウムの水溶液のほうがアルカリ性が強いので濃(こ)い赤色に，炭酸水素ナトリウムの水溶液はうすい赤色を示す。

❽ 火を消すと試験管A内が冷えて圧力(あつりょく)が減り，ガラス管をぬかないと試験管Bの液が逆流(ぎゃくりゅう)してくる。

❷ 酸化銀を加熱すると，酸化銀は白い物質になり，気体が発生する。白い物質を薬さじでこすると光沢(こうたく)が出る。また，たたくと広がり，電気を通すことから，金属の銀であることがわかる。また，発生した気体を試験管に集めて火のついた線香(せんこう)を入れると，線香は激(はげ)しく燃えることから，この気体は酸素である。

❸ ❶ 純粋な水には電流は流れにくい。

❷ ❸ 水に電流を流すと，酸素と水素に分解される。このような分解を電気分解という。陽極(ようきょく)には酸素，陰極(いんきょく)には水素が発生する。なお，発生した気体の体積は，水素は酸素の約2倍である。

❹ ❶ 電源の＋(プラス)極側から出ている導線につないだ炭素棒が陽極になる。

❷ ❸ 陽極に黄緑色で刺激臭のある塩素が発生する。塩素は有毒なので注意する。

❹ 陰極に赤い金属の銅が出てくる。

❺ ❶ 原子の性質は，次の３つ。

① 原子は化学変化で，それ以上分けることができない。
② 原子は，化学変化で新しくできたり，種類が変わったり，なくなったりしない。
③ 原子は，種類によって，その質量や大きさが決まっている。

分子は，原子がいくつか集まってできたものである。

状態変化とは，物質が固体，液体，気体の間で状態を変える変化のことで，水が水蒸気になっても，水分子がばらばらになるだけで，水分子そのものは変化しない。しかし，水を電気分解すると，水は酸素と水素という別の物質に変化している。この変化は化学変化である。

❷ 銀や銅，鉄などの金属や炭素などは，１種類の原子がたくさん集まっているだけで，分子はつくらない。また，塩化ナトリウムも，ナトリウム原子と塩素原子が分子をつくらず，交互に規則的に並んでいる。

p.42-43 Step❷

❶ ① H　② O　③ N　④ C
⑤ **塩素**　⑥ **ナトリウム**　⑦ Mg　⑧ Cu
⑨ **銀**　⑩ S　⑪ Ca　⑫ Fe

❷ ❶ ㋐ Ag　㋑ Fe　㋒ C　㋓ S
❷ ㋐ NaCl　㋑ MgO　㋒ CuO

❸ ❶ **1種類**　❷ **2種類以上**
❸ ① CO_2　② Au　③ Zn　④ H_2
⑤ NaCl　⑥ CuO
❹ 単体②，③，④　化合物①，⑤，⑥

❹ ❶〔例〕

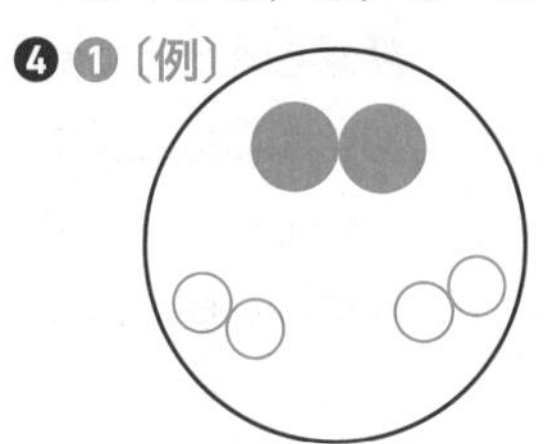

❷ $2H_2O \longrightarrow 2H_2 + O_2$

❺ ❶ $2Cu + O_2 \longrightarrow 2CuO$
❷ $2Ag_2O \longrightarrow 4Ag + O_2$

❻ ❶ ㋐　❷ ㋑　❸ ㋐　❹ ○

考え方

❶ 元素記号は，アルファベットの１文字または２文字を用いて表す。問題でとり上げたもの以外にも，アルミニウム：Al，カリウム：K，亜鉛：Zn，バリウム：Ba，金：Au，ヘリウム：Heなども覚えておくこと。

❷ ❶ 銀，鉄，炭素，硫黄などは，分子というまとまりをもたず，１種類の原子がたくさん集まってできている物質である。このような物質は，その元素の記号を使って表す。
❷ 分子からできていない物質のうち，２種類の原子からできているものは，その原子の数の比を使って表す。

❸ まず，物質の化学式をしっかり覚えること。化学式で，アルファベットの大文字が一つなら単体，二つ以上なら化合物である。

❹ 水の分子は，水素原子と酸素原子に分かれ，それぞれ２個ずつ結びついて，水素分子，酸素分子になる。

❺ 化学反応式は，次の手順で完成させる。①：反応前の物質→反応後の物質のように，何から何ができたのかを書く。②：①で書いたそれぞれの物質を化学式で表す。③：化学変化の前後（式の左辺と右辺）で，原子の種類と数が等しくなるようにする。

❶ 銅を加熱すると，酸素と結びつく。
①：銅 ＋ 酸素 ⟶ 酸化銅
②：$Cu + O_2 \longrightarrow CuO$
③：$2Cu + O_2 \longrightarrow 2CuO$

❷ ①：酸化銀 ⟶ 銀 ＋ 酸素
②：$Ag_2O \longrightarrow Ag + O_2$
③：$2Ag_2O \longrightarrow 4Ag + O_2$

❻ ❶ 水素の化学式はH_2，酸素の化学式はO_2である。
❷ 式の左右で，酸素原子の数がちがっている。
❸ 銀は分子をつくらないので，4Agとなる。

p.45-47 Step ❷

❶ ❶ **硫化鉄**

❷ **試験管A**

❸ 試験管A **硫化水素**　試験管B **水素**

❹ ① **硫化鉄**　② **硫黄**　③ **混合物**

④ **硫化水素**　⑤ **水素**

❺ $Fe + S \longrightarrow FeS$

❷ ㋐ CuO　㋑ O_2　㋒ Cu

㋓ Cu　㋔ O_2　㋕ $2CuO$

㋖ 1　㋗ MgO　㋘ Mg　㋙ $2MgO$

❸ ❶ **白くにごった。**

❷ **空気（酸素）を試験管に吸いこんでしまわないようにするため。**

❸ ① **酸素**　② **銅**　③ **二酸化炭素**

④ **還元**　⑤ **酸化**

❹ ❶ 図1㋐　図2㋑

❷ 図1 **発熱反応**　図2 **吸熱反応**

考え方

❶ ❷ 卵の腐ったようなにおいのある気体は，硫化水素である。有毒な気体なので，吸いこまないように注意する。

❸ 試験管Aでは，硫黄と鉄が反応して硫化鉄ができている。硫化鉄に塩酸を加えると硫化水素が発生する。また，試験管Bには鉄がふくまれているので，塩酸を加えると水素が発生する。

❹ 磁石につくのは，金属の鉄である。鉄の化合物は磁石にはつきにくい。試験管Aでは，鉄は硫黄と化合して硫化鉄になっている。また，試験管Bでは鉄がそのまま残っている。したがって，フェライト磁石についたのは，試験管Bの中にふくまれている鉄である。

❷ 銅やマグネシウムなどの金属は，同じ種類の原子が多数集まってできているので，化学式は原子の記号だけで示す。
酸素のような気体の物質には分子をつくるものが多い。酸化銅や酸化マグネシウムのような，金属と酸素との固体の化合物では，原子が一定の比で結びついている。

A ①：反応前の物質→反応後の物質

銅　＋　酸素　⟶　酸化銅

②：①で書いたそれぞれの物質を化学式で表す。

$Cu + O_2 \longrightarrow CuO$

③：化学変化の前後（式の左辺と右辺）で，原子の種類と数が等しくなるようにする。

$2Cu + O_2 \longrightarrow 2CuO$

B ①：反応前の物質→反応後の物質

マグネシウム　＋　酸素　⟶　酸化マグネシウム

②：①で書いたそれぞれの物質を化学式で表す。

$Mg + O_2 \longrightarrow MgO$

③：化学変化の前後（式の左辺と右辺）で，原子の種類と数が等しくなるようにする。

$2Mg + O_2 \longrightarrow 2MgO$

❸ ❶ ❸ 活性炭（炭素）は，銅よりも酸素と結びつきやすいため，酸化銅と活性炭の混合物を加熱すると，酸化銅から酸素が奪われて（還元）銅になり，炭素が酸素と結びついて（酸化）二酸化炭素になり，石灰水が白くにごる。このように，還元と酸化は同時に起こる。

❷ 加熱をやめると，試験管の中の空気が冷えて気圧が下がり，外から空気が入る。このとき，空気中の酸素と，熱せられて熱くなった銅が再び結びついて酸化銅にもどってしまう。銅が冷めるまで，目玉クリップで外から空気が入らないようにしなければならない。

❹ 図１は，化学かいろのしくみである。鉄粉が，空気中の酸素と結びついて発熱する。このように，化学変化のときに熱を発生したために，まわりの温度が上がる反応を発熱反応という。鉄と硫黄の混合物を加熱したとき，加熱をやめても反応が続く。これは，鉄と硫黄が結びつくときに熱が発生し，この熱によって化学反応が進むからである。
図２は，簡易冷却パックのしくみである。ほかにも，塩化アンモニウムと水酸化バリウムを混ぜると，アンモニアが発生して温度が下がる。このように，化学変化のときに周囲の熱を吸収したためにまわりの温度が下がる反応を吸熱反応という。

p.49-51 Step ❷

❶ ❶ **二酸化炭素**
　❷ ㋔
　❸ ㋑
❷ ❶ 0.2 g
　❷ 2.0 g
　❸ ㋓
　❹ 3 : 2
　❺ 4 : 1
　❻ 4 : 1
　❼ 3 : 8 : 2
❸ ❶ マグネシウム：MgO　銅：CuO
　❷ 1.0 g
　❸ 0.8 g
❹ ❶ ㋑
　❷ **銅原子**

考え方

❶ 密閉容器では，気体の出入りがないので，容器内で化学変化が起きても生成物質は容器外に出ない。
一方，容器のふたを開けると物質は自由に出入りする。
❶ うすい塩酸と炭酸水素ナトリウムが反応すると，塩化ナトリウムと水，二酸化炭素が生じる。
❷ 気体発生で容器内の圧力は大きくなるが，密閉容器内で反応は起こっているので，物質の出入りはなく，質量は変わらない。
❸ 容器内の圧力が容器外より大きいので，ふたをゆるめると内部から二酸化炭素が容器外へ出ていく。

❷ 銅やマグネシウムが酸素と結びついて，酸化銅や酸化マグネシウムになるとき，結びついた酸素の分だけ質量が増加する。
❶ グラフより，銅が0.8 gのとき，結びつく酸素の質量は0.2 gである。
❷ グラフより，マグネシウム1.2 gのとき，結びつく酸素の質量は0.8 gだから，酸化マグネシウムの質量は，1.2 g + 0.8 g = 2.0 g
❸❹ マグネシウムと酸素の原子数が等しいから，全体の質量の比が原子１個の質量の比と等しくなる。❷の値より，酸化マグネシウムMgO中の質量比は，Mg原子１個の質量：O原子１個の質量＝マグネシウムの質量：酸素の質量＝1.2 g：0.8 g＝３：２
❺❻ ❶の値より，酸化銅CuO中の質量比は，Cu原子１個の質量：O原子１個の質量＝銅の質量：酸素の質量＝0.8 g：0.2 g＝４：１
❼ Mg原子１個の質量：O原子1個の質量＝3：2，Cu原子1個の質量：O原子１個の質量＝４：１＝８：２
よって，Mg原子１個の質量：Cu原子１個の質量：O原子１個の質量＝３：８：２

❸ ❶ マグネシウムや銅は，それぞれ酸素と原子の数が１：１の割合で結びついて，酸化マグネシウム（MgO），酸化銅（CuO）になる。

② グラフより，0.6 gのマグネシウムからできる酸化マグネシウムの質量は1.0 gなので，結びついた酸素の質量は，1.0 g－0.6 g＝0.4 gである。したがって，結びつくマグネシウムの質量と酸素の質量の比は，0.6：0.4＝3：2である。求める酸素の質量をx gとすると，1.5：x＝3：2より，x＝1.0 gとなる。

③ グラフより，銅と結びつく酸素の質量の比は，銅の質量：酸素の質量＝0.8：(1.0－0.8)＝4：1である。また，2.0 gの銅と化合した酸素の質量は，2.3 g－2.0 g＝0.3 gより，0.3 gの酸素と結びついた銅の質量をy gとすると，y：0.3＝4：1より，y＝1.2 gとなる。したがって，酸素と結びついていない銅の質量は，2.0 g－1.2 g＝0.8 gである。

❹ ① 加熱回数3回目以上では，グラフが水平になっていて，加熱後の質量は増加していない。これは結びつく酸素に限度があることを示している。

② 増加した酸素の質量は，マグネシウムのほうが約0.65 gで，銅の約0.25 gの2.6倍になる。結びついたO原子の数も2.6倍になるので，同じ1 g中に，Mg原子の数はCu原子の2.6倍存在する。Mg原子2.6個分：Cu原子1個分＝1 g：1 g。したがって，Cu原子は，Mg原子の約2.6倍重いことになる。

p.52-53 Step 3

❶ ① できた水が試験管の底に流れないようにするため。
② 塩化コバルト紙　③ 二酸化炭素
④ 白くにごる。　⑤ 炭酸ナトリウム
⑥ (濃い) 赤色

❷ ① 酸素分子　② (N)(N)
③ (O)(C)(O)　④ (H)(O)(H)
⑤ (Cu)(Cu)＋(O)(O) → (Cu)(O) (Cu)(O)
⑥ (Cu)(O)＋(H)(H) → (Cu)＋(H)(O)(H)

❸ ① ア **鉄**　イ **二酸化炭素**　② **還元**

❹ ① 反応が続く。
② 硫化鉄　③ Fe＋S ⟶ FeS
④ 試験管A **硫化水素**　試験管B **水素**

❺ ① **8** 分後　② **7.5** g　③ **1.5** g
④ **4：5**　⑤ **4：1**

考え方

❶ ① 発生した水によって試験管の加熱部分が急に冷やされると，試験管が割(わ)れてしまうことがあるので，試験管の口を下げて加熱する。

② 塩化コバルト紙は，乾(かわ)いていると青色であるが，水にふれると赤色を示す。

③ 炭酸水素ナトリウムは加熱すると，炭酸ナトリウム（固体）と二酸化炭素（気体）と水（液体）に分解する。

④ 石灰水(せっかいすい)に二酸化炭素を通すと，水にとけにくい炭酸カルシウムができるため，石灰水は白くにごる。

⑥ 炭酸ナトリウムは水にとけるとアルカリ性を示すので，水溶液(すいようえき)は赤色になる。

❷ 化学式(かがくしき)で表すと，水素分子(ぶんし)（H_2），酸素分子（O_2），窒素分子（N_2），二酸化炭素（CO_2），酸化銅（CuO），水（H_2O）である。

⑤ モデルにしたとき，2CuとO_2のちがいに注意。2Cuは銅原子(げんし)が2個あることを意味し，O_2は酸素原子が2個結びついて，1個の酸素分子を表している。

❸ 酸化鉄は還元されて鉄になる。また，活性炭（炭素）は酸化されて二酸化炭素になる。酸化と還元はつねに同時に起こることに注意しておこう。

❹ ❶ 鉄と硫黄の混合物を加熱すると，熱と光を出して激しく反応する。

❷ 試験管Ａでは，鉄と硫黄が結びついて硫化鉄ができる。

❸ 鉄（Fe）と硫黄（S）が結びついてできる硫化鉄（FeS）は，鉄の原子と硫黄の原子の数が１：１の割合で結びついてできるので，化学反応式は，Fe ＋ S ⟶ FeSと表すことができる。

❹ 試験管Ａは，加熱したことによって，鉄と硫黄が結びついて硫化鉄ができた。硫化鉄にうすい塩酸を加えると，卵の腐ったようなにおいの気体が発生する。この気体は硫化水素である。一方，試験管Ｂは，鉄と硫黄の混合物なので，うすい塩酸を加えると，鉄と反応して水素が発生する。

❺ ❶ 質量の増加がない時点でそれ以上酸素と結びつかないので，酸化が完全に終わったと考えてよい。

❷ グラフより，銅2.0 gが酸化すると，酸化銅2.5 gができた。よって，銅6.0 gでは，その３倍の7.5 gの酸化銅ができる。

❸（酸素の質量）＝（酸化銅の質量）－（銅の質量）より，7.5 g−6.0 g＝1.5 g

❹ ❺ グラフより，銅2.0 gと酸素0.5 gが反応して，酸化銅2.5 gができたことがわかる。よって，銅：酸素：酸化銅＝2.0：0.5：2.5＝４：１：５となる。

電流とその利用

p.55-57　Step ❷

❶ ❶ **回路に電流が流れないから。**

❷

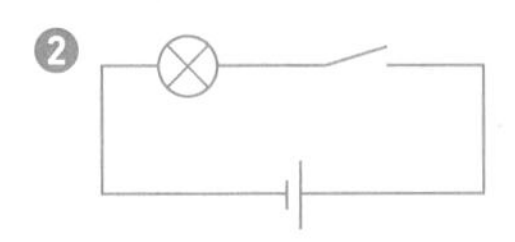

❸ **回路を流れる電流には向きがある。**

❷

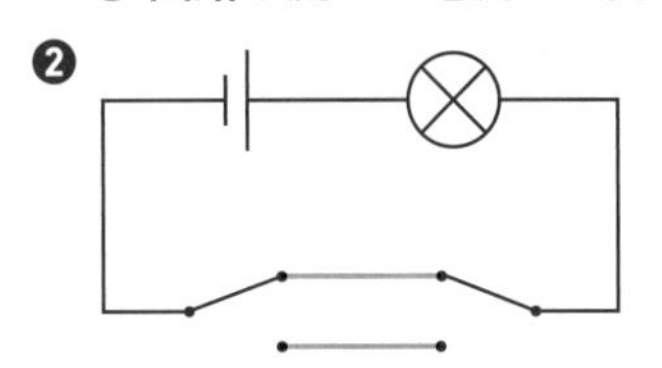

❸ ❶ ㋑　❷ ㋒　❸ **340** mA

❹ ❶ 図１ **直列回路**　図２ **並列回路**

❷ b **0.5** A　c **0.5** A　❸ **0.4** A

❺ ❶ ㋒　❷ ㋐　❸ **1.40** V

❻ ❶ **12.8** V　❷ de間…**4.0 V**　fg間…**4.0 V**

考え方

❶ ❶ 回路に電流が流れないと，豆電球は点灯しない。１か所でも切れ目があると電流は流れない。

❷ 基本的な電気用図記号はかけるようにしておこう。電気用図記号は直線で結び，角は直角にする。

❸ LED電球は，決まった向きにだけ電流が流れるので，逆向きにつなぐと点灯しない。

❷ 階段の上下のスイッチには，電流が流れる道すじが２つあって，上下のスイッチのどちらかを押すと，回路がつながったり切れたりする。

❸ ❶ 電流計は，回路に直列につなぐ。電流計がこわれることがあるので，電流計だけを電源につないだり，回路に並列につないだりしてはいけない。

❷ 電流の大きさが予想できないときは，指針が振り切れて電流計がこわれないように，いちばん大きい電流がはかれる端子を使う。

❸ はかれる電流の最大が500 mAなので，図の右端の目盛りを500と考えて読みとる。

❹ ❶ 電流の流れる道すじが枝分かれせず，１本である回路を直列回路，複数に枝分かれしている回路を並列回路という。

❷ 直列回路に流れる電流は，回路のどの点でも，電流の大きさは同じである。

❸ 枝分かれした電流の大きさの和は，分かれる前の電流の大きさや，合流した後の電流の大きさに等しい。0.3＋0.1＝0.4 A

❺ ❶ 電圧計は，回路に並列につなぐ。

❷ 大きな電圧が加わって指針が振り切れないようにするため，最大の値(あたい)がはかれる端子につなぐ。

❸ －(マイナス)端子は３Vにつないであるので，最大で３V。最小目盛りの10分の１まで読みとる。

❻ ❶ 直列回路では，それぞれの豆電球にかかる電圧の和は，電源の電圧に等しい。

❷ 並列回路では，それぞれの豆電球に加わる電圧は同じで，それらは電源の電圧に等しい。

p.59-60 Step ❷

❶ ❶ **比例（関係）**

❷ **オームの法則**

❸ **b**

❷ ❶ **20** Ω

❷ **32** V

❸ **D，A，B，C**

❹ **200** mA

❺ **導体**　❻ **不導体（絶縁体）**

❸ ❶ **3** V

❷ **6** V

❸ **0.5** A

❹ 抵抗器B **6** Ω　抵抗器C**12** Ω

❺ **6** Ω

❻ **4** Ω

❹ ❶ 右図

❷ **3** A

❸ **比例**

❹ **22.0** ℃

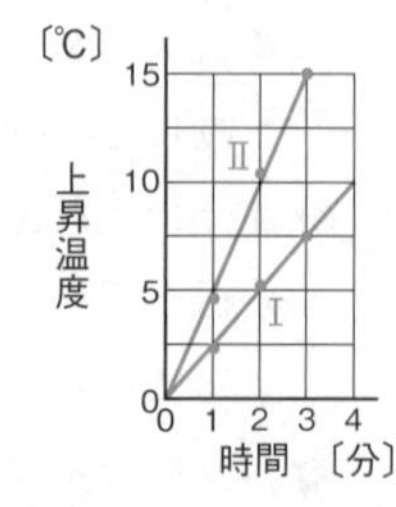

考え方

❶ ❶ 原点を通る直線になっている。

❷ 抵抗器(ていこうき)を流れる電流は，それらに加える電圧に比例するという関係である。

❸ 抵抗(ていこう)（電気抵抗(でんきていこう)）とは，電流の流れにくさである。したがって，同じ電圧のときに流れる電流が小さい（グラフの傾(かたむ)きが小さい）bのほうが，抵抗が大きい。

❷ ❶ グラフを読みとるときは，読みとりやすいところで読みとる。電圧が８Vのとき，0.4 Aの電流が流れるので，

$R=\frac{V}{I}$ より，$\frac{8\ \mathrm{V}}{0.4\ \mathrm{A}}=20\ \Omega$

❷ 回路(かいろ)全体の抵抗は，20 Ω＋60 Ω＝80 Ω。よって，$V=R\times I$ より，80 Ω×0.4 A＝32 V

❸ ２個の抵抗を直列(ちょくれつ)につなぐと，全体の抵抗は，それぞれの抵抗の和になる。２個の抵抗を並列(へいれつ)につなぐと，全体の抵抗は，それぞれの抵抗より小さくなる。

❹ オームの法則(ほうそく)を使う。$I=\frac{V}{R}$ より，

$\frac{12\ \mathrm{V}}{60\ \Omega}=0.2\ \mathrm{A}=200\ \mathrm{mA}$

❸ ❶ $V=R\times I$ より，2 Ω×1.5 A＝３V

❷ 抵抗器Bと抵抗器Cを一つの抵抗器Dと考えると，抵抗器Aと抵抗器Dは直列なので，抵抗器Dに加わる電圧は，９V－３V＝６Vである。実際には，抵抗器Bと抵抗器Cは並列なので，それぞれに６Vの電圧が加わる。

❸ 1.5 A−1.0 A＝0.5 A

❹ 抵抗器B　$R=\frac{V}{I}$ より，$\frac{6\ \mathrm{V}}{1.0\ \mathrm{A}}=6\ \Omega$

抵抗器C　$R=\frac{V}{I}$ より，$\frac{6\ \mathrm{V}}{0.5\ \mathrm{A}}=12\ \Omega$

❺ $R=\frac{V}{I}$ より，$\frac{9\ \mathrm{V}}{1.5\ \mathrm{A}}=6\ \Omega$

❻ 6 Ω－2 Ω＝4 Ω

❹ ❶ グラフの縦軸は「上昇温度」であることに注意する。

❷ $I = \frac{V}{R} = \frac{12\ V}{4\ \Omega} = 3\ A$

❸ 電流を流す時間が同じとき，実験 II の上昇温度は，実験 I の上昇温度の 2 倍になっている。また，実験 II の上昇温度は，2 Ωの電熱線に12 Vの電圧が加わった結果なので，このときの電力は，12 V× 6 A＝72 Wである。同様に，実験 I の上昇温度は，4 Ωの電熱線に12 Vの電圧が加わった結果なので，このときの電力は，12 V× 3 A＝36 Wである。よって，電力が 2 倍になると，温度上昇も 2 倍になるので，電熱線の発熱量は電力に比例するといえる。

❹ 20 Ωの電熱線が消費する電力は，実験 I の電熱線（4 Ωの電熱線）が消費する電力の0.2倍である。また，実験 I の電熱線による 4 分後の水の上昇温度は10.0 ℃なので，20 Ωの電熱線による上昇温度は，10.0 ℃×0.2＝2.0 ℃である。

p.62-63 Step ❷

❶ ❶ **静電気**

❷ **ストローAが反発する。**

❸ **－の電気**　❹ **＋の電気**

❷ ❶ **－極**　❷ **電子線（陰極線）**

❸ **電子**　❹ **－の電気をもっている。**

❸ ❶ **電子**

❷ A－極　B＋極

❸ **消える。**

❹ ❶ ㋐　❷ A

❸ **いっせいに＋極に向かって（BからAの向きに）動く。**

❹ **電子が自由に動けないため。**

❺ ❶ ㋒

❷ **放射能**

❸ 物質を**透過する**性質

考え方

❶ ❶ ちがう種類の物質をたがいに摩擦したときに，静電気が発生する。

❷❸ ストローAとストローBには同じ種類の電気がたまっている。同種類の電気は，しりぞけ合う力がはたらく。

❹ ストローとは異なる種類の電気が生じている。

❷ ❶～❸ 明るい線は，電子線（陰極線）といい，－の電気をもった非常に小さい粒子の流れである。この粒子を電子という。電子は－極から飛び出して＋極へ移動する。

❹ 電子は－の電気をもっているので，Xの＋極に引きつけられて，上向きに曲がる。

❸ 放電管の壁に影ができることから，電極Aから電極Bに向かって何かがまっすぐに出ていることがわかる。電流は＋極から－極に流れると定義されているが，実際には，電子が－極から＋極に流れているので，電子が出ている電極Aは－極である。

❹ 金属中には，自由に動き回れる電子がたくさん存在する。金属の導線に電圧を加えると，この電子が＋極の方に移動する。これが電流の正体である。

❶ ㋑は原子を表し，㋐は原子のまわりを自由に動き回っている電子の一部である。電子は－の電気をもっているが，原子にはそれを打ち消す＋の電気も存在し，金属全体としては，＋の電気も－の電気ももっていないので，電気的に中性となっている。

❷ 電源の＋極から電流が流れ出し，Aを経てBにいたり，電源の－極にもどっていく。

❸ 電子は－の電気をもっているので，いっせいに＋極のほうに動き出す。

❹ 不導体は金属中とちがって，電子が自由に動けないため，電圧を加えても電流は流れない。

▶ 本文 p.63-66

❺ 放射線は，医療や農業などにも利用されている。しかし，生物が放射線を浴びる（被曝する）と，健康な細胞が傷ついてしまう可能性があるので，放射線の利用には細心の注意や配慮が必要である。

❶ 放射線は目に見えないが，身のまわりの食物や岩石，温泉などからも出ている。放射線を出す物質を放射性物質という。放射線には，レントゲンに使われるX線，α線，β線，γ線などがある。

❸ 放射線には，物質を透過する性質がある。物質や放射線の種類によって，透過力は異なっている。

p.65-66 Step 2

❶ ❶ **磁力**

❷ **磁界**

❸ **磁界の向き**

❹ **磁力線**

❺ **磁力線の間隔がせまいところほど磁界は強い。**

❷ ❶ **S極**

❷ b㋐　c㋑

❸ e

❸ ❶ 右図

❷ ㋑

❸ **左向き**

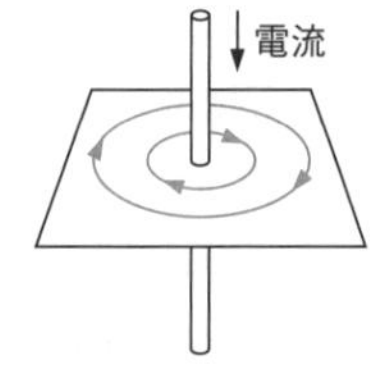

❹ **電流を大きくする。コイルの巻数をふやす。コイルに鉄心を入れる。**（などから1つ）

❹ ❶ ① a㋐　b㋓　c㋑

② **逆になる。**

❷ ① ㋒　② **S極**

考え方

❶ ❶❷ 磁石による力を磁力といい，磁力のはたらく空間には磁界があるという。

❺ 磁力線の間隔がせまい所は磁界が強く，間隔が広い所は磁界が弱い。磁極付近は，磁界が強い。

❷ ❶ N極と引き合うのはS極。

❷ ❶から，磁石のAがS極なので，磁針を置くと，右図のようになる。

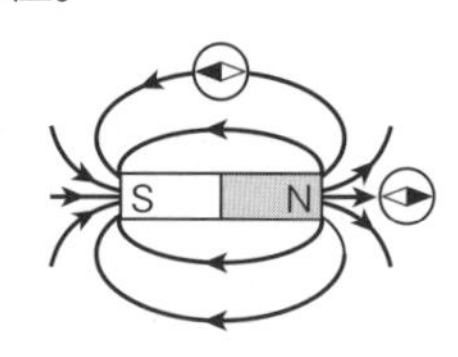

❸ ❶❷ 右ねじの進む向きに電流を流すと，ねじを回す向きに磁界ができ，磁力線は，導線を中心とした同心円状になる。

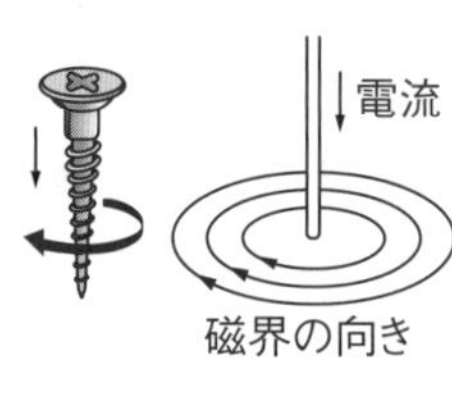

❸ 右手の法則によって，コイル内部にできる磁界の向きは左向きである。よって，コイルの左端にN極が，右端にS極が現れる。

❹ ❶ 右ねじを回す向きに磁界ができ，磁針のN極がその向きを指す。

❷ ①，②右手の指先を電流の向きに合わせてコイルをにぎると，親指の向きがコイル内部の磁界の向き（磁針のN極の指す向き）を示す。

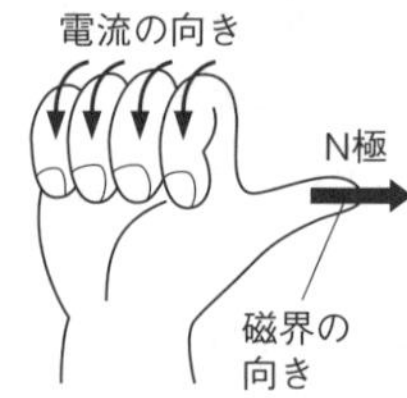

p.68-69 Step ❷

❶ ❶ ①㋑　②㋑　③㋐

❷ **大きくなる。**

❷ ❶ **電流の向きを変える。(U字形磁石の極を逆にする。)**

❷ **流れる電流が大きくなるので，動く角度も大きくなる。**

❸ 0.6 A

❸ ❶ **電磁誘導**　❷ **誘導電流**

❸ ㋑，㋓　❹ **流れる。**

❺ ① **小さくなる。**　② **大きくなる。**

❹ ❶ **図1，図4**

❷ **電流の向きが交互に入れかわる。**

考え方

❶ 磁界の中で電流を流すと，電流は力を受ける。

❶ 図１の拡大図と比べて考える。力の向きは，磁界の向きか電流の向きが逆になると，逆向きになる。

① 電流の向きが逆になっているので，力の向きは図１と逆向きになる。

② 磁界の向きが逆になっているので，力の向きは図１と逆になる。

③ 電流の向きと磁界の向きが両方とも逆になっているので，力の向きは図１と変わらない。

❷ ❶ 電流の向きや，U字形磁石の極を逆にすれば，コイルの動く向きも逆になる。

❷ 抵抗が小さくなれば，コイルに流れる電流は大きくなる。

❸ オームの法則より，$I = \frac{6\ \mathrm{V}}{10\ \Omega} = 0.6\ \mathrm{A}$

❸ 検流計は，ごくわずかな電流が流れても指針が振れる。

❸ ㋐ Ｎ極（Ｓ極）をコイルに入れたままにすると磁界が変化しないので電流は流れない。

㋑ Ｎ極をコイルから遠ざけることになるので，図とは逆向きの電流が流れる。

㋒㋓ Ｎ極を近づけたときとＳ極を近づけたときでは，電流の向きが逆になる。また，Ｓ極（Ｎ極）を近づけたときと遠ざけたときでは，電流の向きが逆になる。

❹ コイルと磁石の間の距離が変化するので，電流は流れる。

❺ コイルの巻数を多くしたり，磁石の動きを速くしたりすると，誘導電流は大きくなる。

❹ 発光ダイオードは，長いほうの足の端子に＋極を，短いほうの足に－極をつないで，電圧をかけると発光する。直流であれば，どちらか１つしか点灯せず，交流は，周期的に電流の流れる向きが変わるので，発光ダイオードは交互に点滅する。

p.70-71 Step ❸

❶ ❶

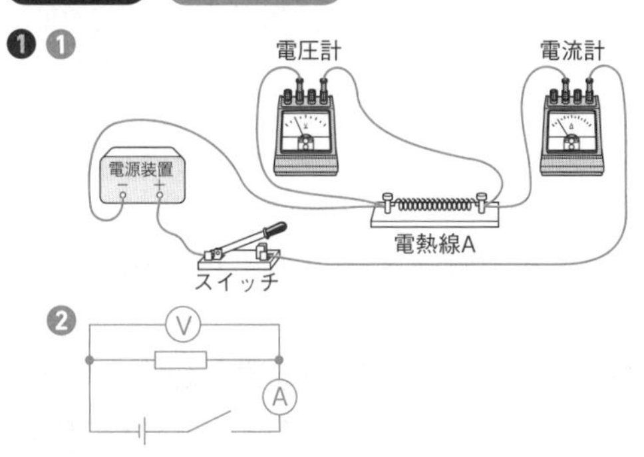

❷

❸ 7.0 V

❹ 5 A

❺ A 150 mA　B 350 mA

❻ **比例関係，オームの法則**

❼ A

❽ 40 Ω

❷ ❶ 1 W

❷ オーブントースター10 A

電気ポット7.5 A

❸ 1000 J

❹ ㋐

❸ ㋒

❹ ❶ a －極　b ＋極

❷ ㋒

❸ **－の電気をもっている。**

考え方

❶ ❶❷ 電流計は回路に直列につなぎ，電圧計は回路に並列につなぐ。

❸ 15 Vの端子につないでいるので，電圧計の最大の目盛りを15 Vとして読む。

❻ 電圧と電流の関係は，原点を通る直線のグラフであるから比例の関係にある。これをオームの法則という。

❽ 電熱線Aは，電圧が6 Vのとき，流れる電流の大きさがグラフより0.15 Aである。よって，オームの法則より，

6 V÷0.15 A＝40 Ω

❷ ❶ 電力 P＝電圧 V×電流 I で求められる。よって，1 V×1 A＝1 Wである。

❷ ❶より求める。

1000 W÷100 V＝10 A

750 W÷100 V＝7.5 A

❸ 1 Wの電力が1秒間に生じる熱エネルギーが1 Jである。1 J＝1 W×1 sより，

1000 W×1 s＝1000 J

❹ 同じ温度で同じ量の水を同じ温度まで加熱するには，同じ量の熱エネルギーが必要である。熱エネルギーの大もとは，電熱線で消費された電気エネルギーである。この電気エネルギーを電力量といい，熱エネルギーと同じ単位ジュール（J）を用いて表される。

熱量〔J〕＝電力量〔J〕

＝電力〔W〕×時間〔s〕

同じ熱量をとり出すために消費する電力量は同じであり，加熱時間は電力すなわち電気器具のワット数に反比例する。

したがって，1000 Wの電気ポットを使用した方が，750 Wの電気ポットを使用するよりも加熱時間が短くてすむ。

❸ 図のコイルや導線のまわりにはたらいている磁力線は以下の図のようになっている。㋒のAの位置の磁針の向きが誤りである。磁界の中の磁針のN極は，磁界の向きを指す。

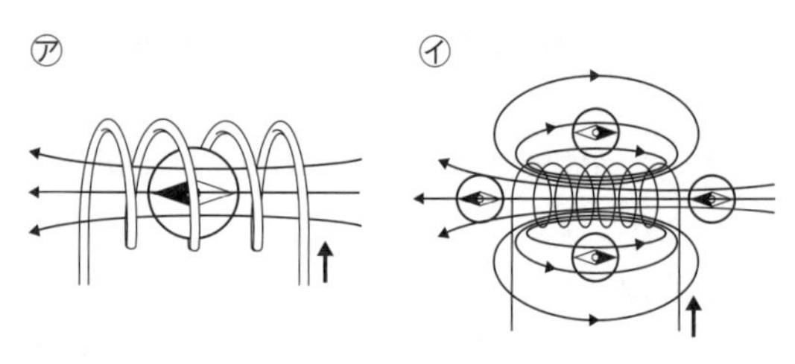

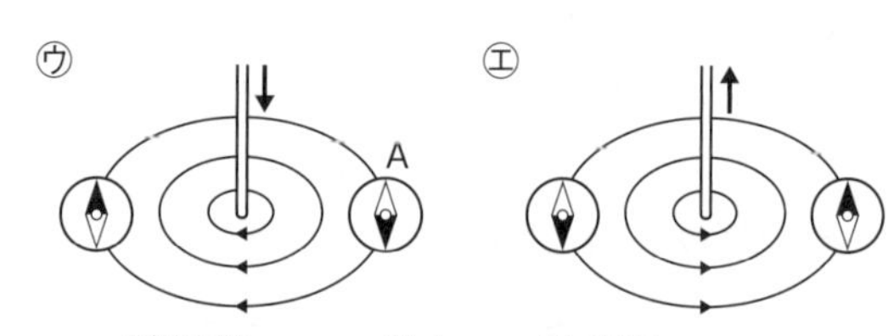

❹ ❶ 放電管の中で電子線（陰極線）がまっすぐに光って見えるとき，電子線と同じ直線上にある極が－極である。

❷ 電子線は電極の＋極の方に曲がる。

❸ ❷より，電子線は－の電気をもったものの流れであることがわかる。実際には，電子線は－極から＋極へ移動する電子の流れそのものであることが，イギリスのトムソンによって見いだされた。

テスト前 ☑ やることチェック表

① まずはテストの目標をたてよう。頑張ったら達成できそうなちょっと上のレベルを目指そう。
② 次にやることを書こう（「ズバリ英語○ページ，数学○ページ」など）。
③ やり終えたら□に✓を入れよう。
最初に完ぺきな計画をたてる必要はなく，まずは数日分の計画をつくって，
その後追加・修正していっても良いね。

目標

	日付	やること 1	やること 2
2週間前	／	□	□
	／	□	□
	／	□	□
	／	□	□
	／	□	□
	／	□	□
	／	□	□
1週間前	／	□	□
	／	□	□
	／	□	□
	／	□	□
	／	□	□
	／	□	□
	／	□	□
テスト期間	／	□	□
	／	□	□
	／	□	□
	／	□	□
	／	□	□

QRコードのページに登録すると，「ぴたリンク」からも表をダウンロードできるよ

テスト前 ☑ やることチェック表

① まずはテストの目標をたてよう。頑張ったら達成できそうなちょっと上のレベルを目指そう。
② 次にやることを書こう（「ズバリ英語〇ページ，数学〇ページ」など）。
③ やり終えたら☐に✓を入れよう。
最初に完ぺきな計画をたてる必要はなく，まずは数日分の計画をつくって，
その後追加・修正していっても良いね。

目標

	日付	やること 1	やること 2
2週間前	／	☐	☐
	／	☐	☐
	／	☐	☐
	／	☐	☐
	／	☐	☐
	／	☐	☐
	／	☐	☐
1週間前	／	☐	☐
	／	☐	☐
	／	☐	☐
	／	☐	☐
	／	☐	☐
	／	☐	☐
	／	☐	☐
テスト期間	／	☐	☐
	／	☐	☐
	／	☐	☐
	／	☐	☐
	／	☐	☐

キリトリ線

QRコードのページに登録すると，「ぴたリンク」からも表をダウンロードできるよ

チェックBOOK

- テストにズバリよくでる!
- 図解でチェック!

理科

啓林館版

2年

生命　生物の体のつくりとはたらき(1)

教 p.2〜69

顕微鏡のしくみ　教 p.6〜7

- 顕微鏡(けんびきょう)は，**プレパラート**にした観察物を40〜600倍程度に拡大(かくだい)し，観察するのに用いる。

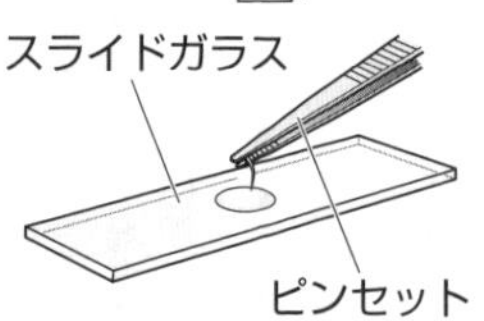

①水を1滴(てき)落とし，その上に観察物を置く。

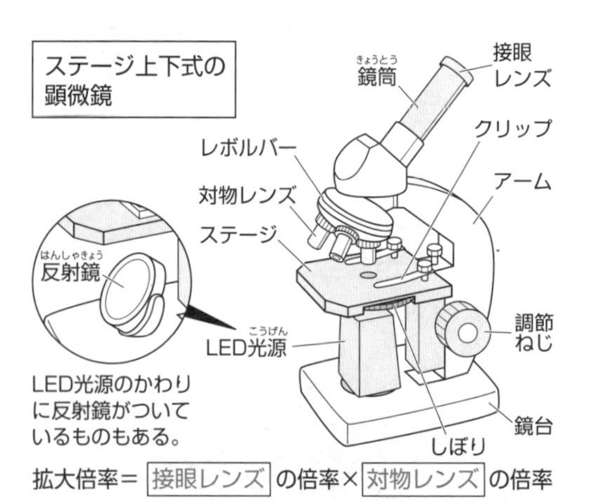

拡大倍率＝ 接眼レンズ の倍率× 対物レンズ の倍率

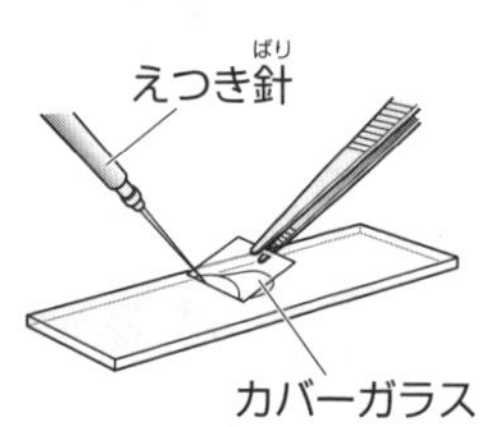

②空気の泡(あわ)を入れないように静かにカバーガラスを下ろす。
余分な水は ろ紙 で吸(す)いとる。

細胞のつくり

教 p.12〜15

- 生物の体をつくる基本単位を**細胞**という。

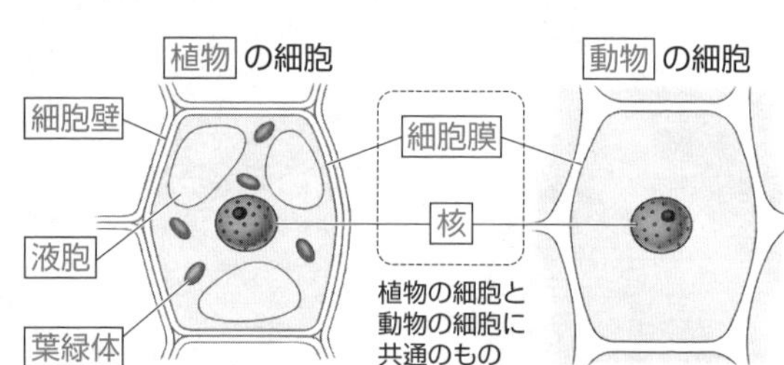

光合成　教 p.19〜23

- 植物が光を受けて栄養分をつくり出すはたらきを**光合成**という。
- 光合成は**葉緑体**で行われる。

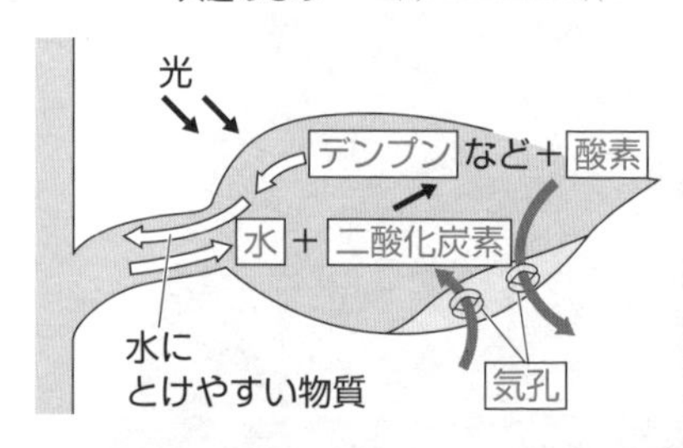

▶生命　生物の体のつくりとはたらき(2)

教 p.2〜69

植物の水の通り道　教 p.25〜31

- 道管と師管が集まった束を**維管束**という。双子葉類では輪のように並び，単子葉類では全体に散らばっている。

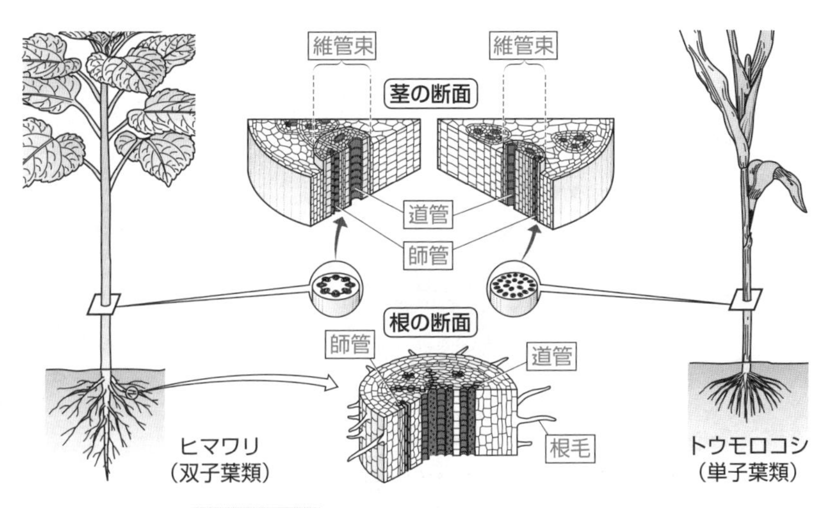

消化と吸収　教 p.34〜39

- 食物にふくまれる炭水化物や脂肪，タンパク質などの栄養分を分解して，吸収されやすい状態に変えるはたらきを**消化**という。

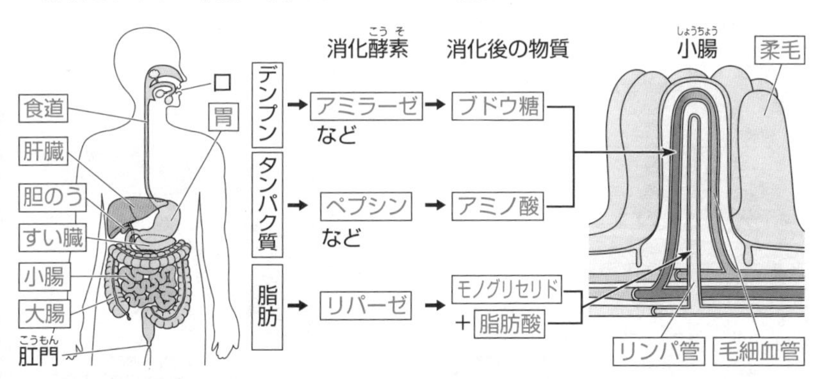

生命　生物の体のつくりとはたらき(3)

教 p.2〜69

肺による呼吸　教 p.42〜43

- 肺(はい)では，**酸素**と**二酸化炭素**の交換(こうかん)を行う。
- 肺は細かく枝分かれした**気管支**と，その先につながる小さな袋(ふくろ)が集まってできており，その小さな袋を**肺胞**という。

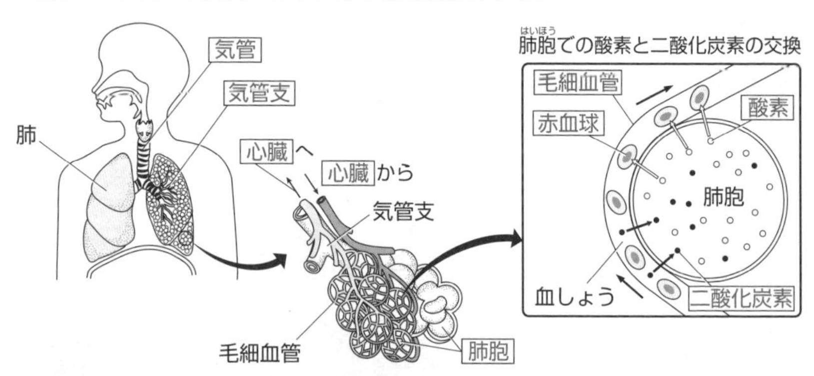

血液の成分とはたらき　教 p.46〜47

- 血液は**赤血球**，**白血球**，**血小板**などの固形成分と，**血しょう**という液体成分からなる。
- 毛細血管から血しょうの一部がしみ出して細胞(さいぼう)のまわりを満たしている液を**組織液**という。

成分	形	はたらき
赤血球	中央がくぼんだ円盤形(えんばんけい)	酸素を運ぶ。(数が少なくなると貧血(ひんけつ)になる。)
白血球	いろいろな形のものがある。	ウイルスや細菌(さいきん)などの病原体を分解する。
血小板	小さくて不規則な形	出血したとき血液を固める。
血しょう	液体	栄養分や不要な物質をとかしている。

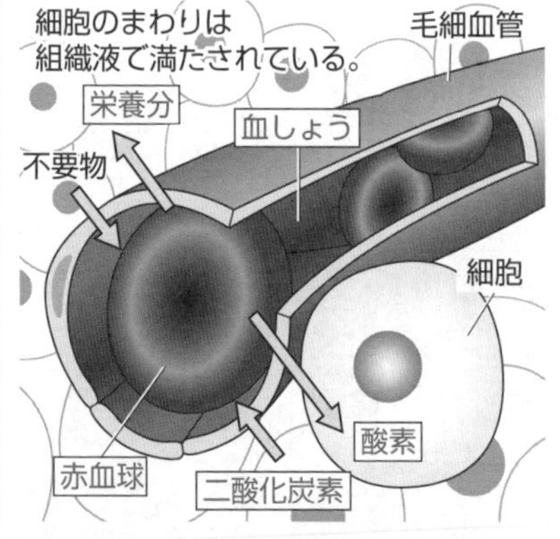

教 p.2〜69

血液の循環　教 p.47〜49

- 心臓(しんぞう)から出た血液が全身に送られ，再び心臓にもどる道すじを**体循環**，心臓から出た血液が肺(はい)に送られ，再び心臓にもどる道すじを**肺循環**という。

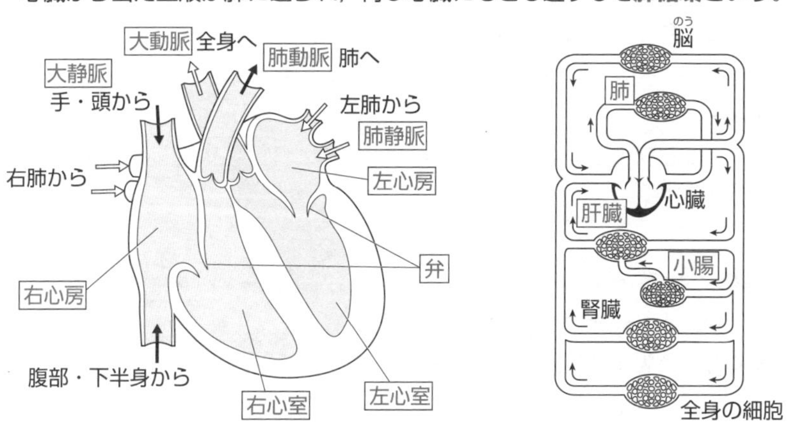

刺激と反応　教 p.54〜57

- 意識して起こす反応は**脳**が関係している。
- 刺激(しげき)に対して無意識に起こる反応を**反射**という。

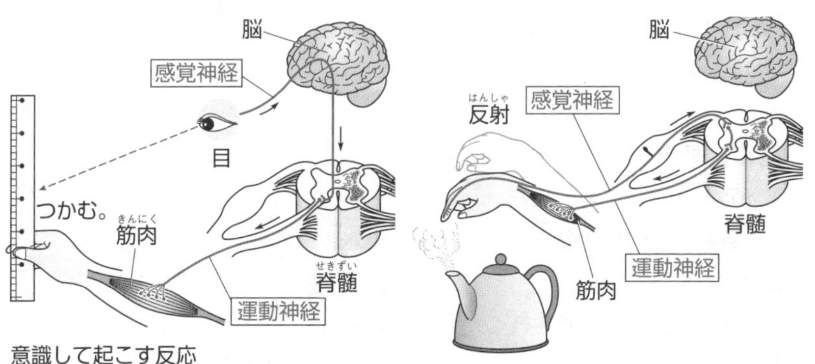

地球の大気と天気の変化(1)

教 p.70～135

天気図記号 教 p.77

- 各地の天気は，**天気記号**で表す。
- 風のふいてくる方向を**風向**といい，16方位で表す。
- **風力**ははねの数を用いて表す。

天気図記号

各地の天気，風向・風力の記号での表し方（例）

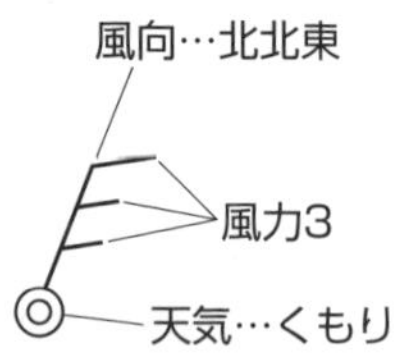

くもり

雲のでき方 教 p.84～89

- 空気が上昇すると，まわりの気圧が低くなって膨張するため，上昇する空気の温度は下がり，やがて空気中の水蒸気の一部が水滴や氷の粒になり，**雲**ができる。
- 空気が下降するとまわりの気圧が高くなり，圧縮されて温度が上がる。そのため，**下降気流**があるところでは雲ができにくい。

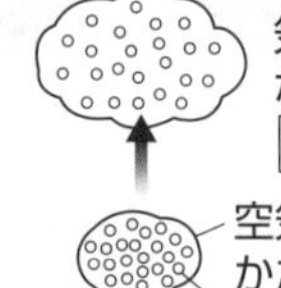

飽和水蒸気量 教 p.90～93

- 空気$1m^3$中にふくむことができる水蒸気の最大量を**飽和水蒸気量**という。
- 空気中の水蒸気が冷やされて水滴に変わりはじめるときの温度を**露点**という。

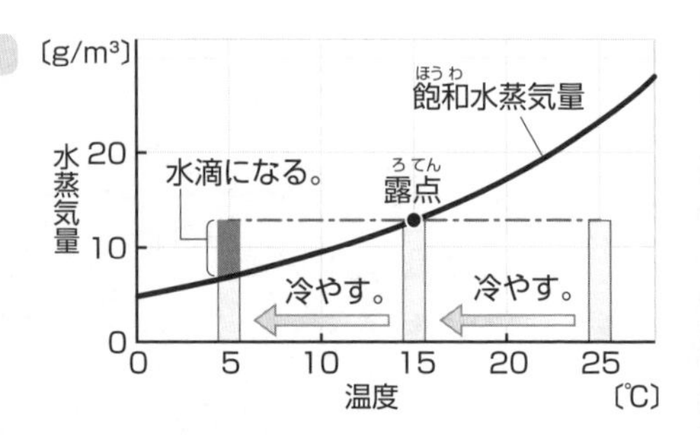

教 p.70〜135

湿度　教 p.90〜93

- 空気の湿り気の度合いを示し，空気1m^{3}中にふくまれる水蒸気量が，その温度での飽和水蒸気量に対してどれぐらいの割合になるのかを百分率(%)で示したものを**湿度**という。

$$湿度〔\%〕=\frac{空気1\,m^3中にふくまれる水蒸気量〔g/m^3〕}{その温度での飽和水蒸気量〔g/m^3〕}\times 100$$

- 空気1m^{3}にふくまれる**水蒸気**量が異なれば，同じ温度でも，湿度が異なる。

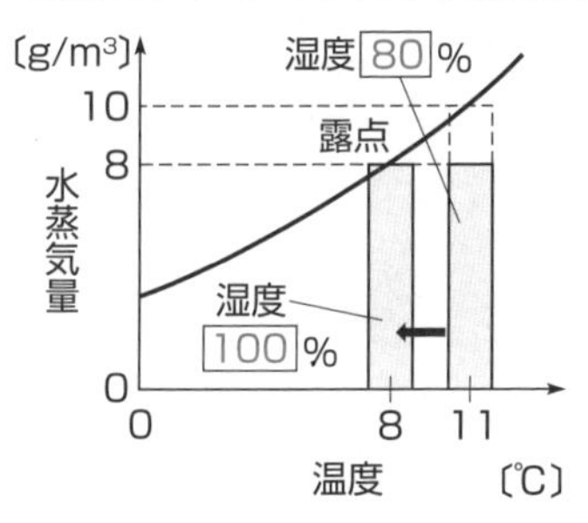

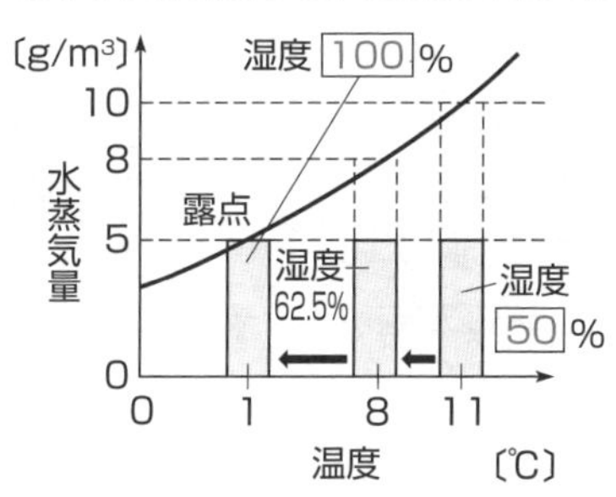

気圧と風　教 p.96〜98

- 風は**高気圧**から**低気圧**へ向かってふく。北半球では高気圧の中心から時計回りにふきだすような風がふき，低気圧の中心に向かって反時計回りにふきこむような風がふく。
- 低気圧の中心付近では上昇気流が生じるため，雲が発生しやすく，**くもり**や**雨**になりやすい。
- 高気圧の中心付近では下降気流が生じるため，雲が発生しにくく，**晴れる**ことが多い。

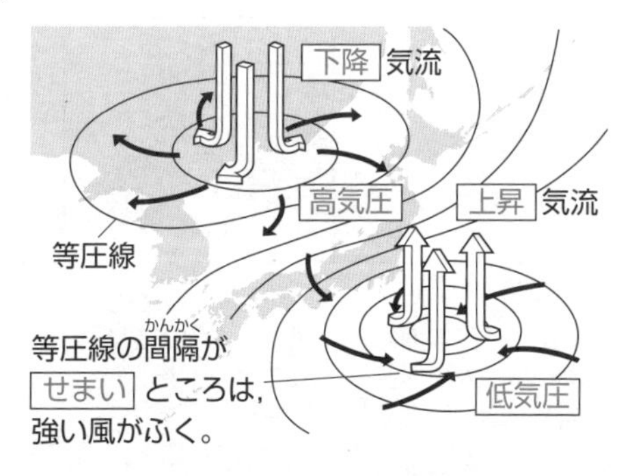

地球

地球の大気と天気の変化(3)

教 p.70～135

気団と前線 教 p.102～105

- 性質が一様で大規模(だいきぼ)な大気のかたまりを**気団**という。
- 前線面では**上昇気流**が生じるため，雲ができやすく，地表付近での天気の変化は**前線**付近で起こりやすい。

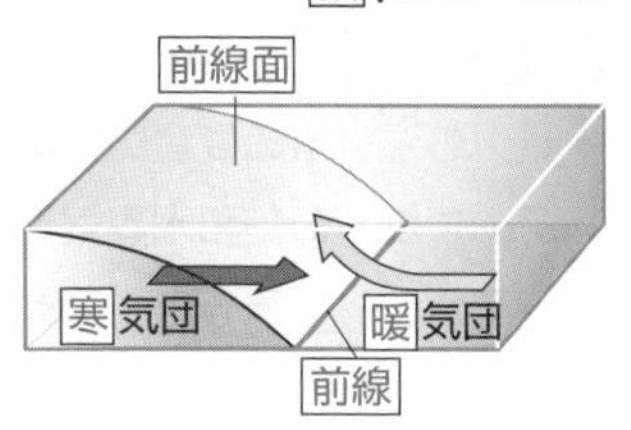

	寒冷 前線	温暖 前線
記号	▼▼▼▼	●●●●
おもな雲	積乱 雲	乱層 雲
天気の特徴	にわか雨，雷，突風	おだやかな雨
雨の範囲	せまい。	広い。
通過前の天気	天気はよくあたたかい。	おだやかな雨，寒い。
通過後の天気	にわか雨の後，回復。北よりの風。気温は 下がる。	天気は回復。南よりの風。気温は 上がる。

大気の動きと日本の四季 教 p.107～116

- 日本付近では，**偏西風**により，低気圧や**移動性高気圧**は西から東へ移動する。
- 季節に特徴(とくちょう)的にふく風を**季節風**という。冬の季節風はシベリア高気圧からふく冷たい風，夏の季節風は，太平洋高気圧からふくあたたかい風による。

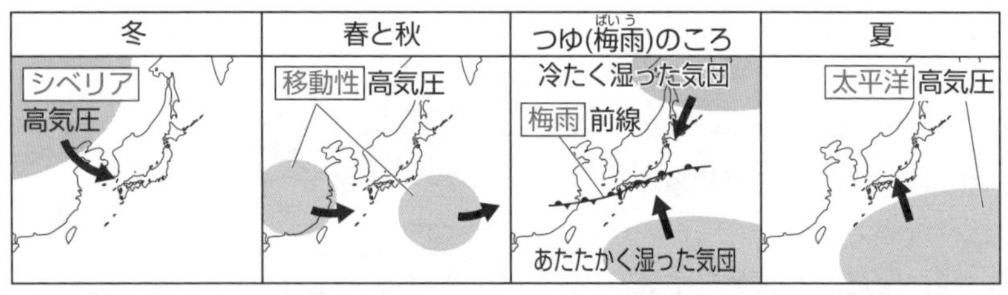

冬	春と秋	つゆ(梅雨)のころ	夏
シベリア高気圧が成長し，日本海側は降雪，太平洋側は乾燥した晴天。	天気は，西から東へ，晴れたりくもったり周期的に変化する。	梅雨前線が停滞し，雨やくもりの日が多い。	太平洋高気圧が成長し，高温多湿で晴れの日が多い。

化学変化と原子・分子(1)

教 p.140〜211

化学変化 教 p.143〜161

- もとの物質とは性質の異(こと)なる別の物質ができる変化を**化学変化**(**化学反応**)という。
- 1種類の物質が2種類以上の物質に分かれる化学変化を**分解**という。
- 加熱することによって物質を分解することを**熱分解**という。
- 電流を流すことによって物質を分解することを**電気分解**という。

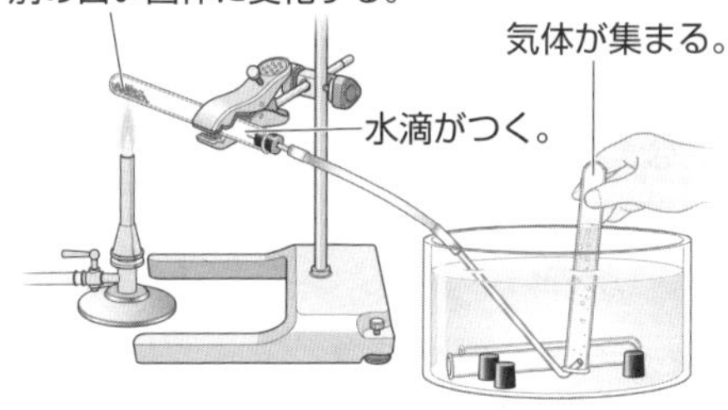

炭酸水素ナトリウムの熱分解

炭酸水素ナトリウム

→ 炭酸ナトリウム ＋ 二酸化炭素 ＋水

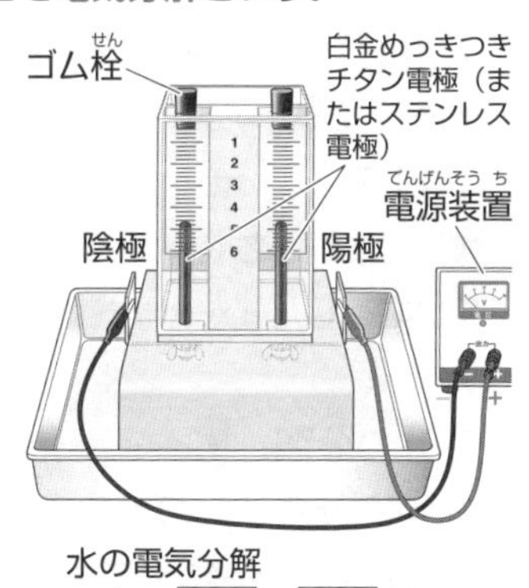

水の電気分解

水→ 水素 ＋ 酸素

(陰極(いんきょく)側)(陽極(ようきょく)側)

原子 教 p.155〜156

- 化学変化でそれ以上分けることができない，物質をつくっている粒子(りゅうし)を**原子**という。

〔原子の性質〕

①化学変化で，それ以上分けることができない。

②化学変化で新しくできたり，種類が変わったり，なくなったりしない。

③種類によって，その質量や大きさが決まっている。

物質

▶物質　化学変化と原子・分子(2)

教 p.140〜211

分子　教 p.157〜159

- 原子が結びついてできる，物質の性質を示す最小の粒子(りゅうし)を**分子**という。結びついている原子の種類と数によって物質の性質が決まる。

水素原子　水素原子

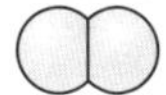

水素分子(化学式 H_2)

酸素原子　酸素原子

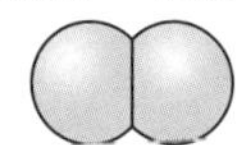

酸素分子(化学式 O_2)

酸素原子

水素原子　水素原子

水分子(化学式 H_2O)

元素記号と化学式　教 p.163〜168

- 物質を構成する原子の種類を**元素**という。
- 元素を表すための記号を**元素記号**という。
- 物質の成り立ちを，元素記号と数字などを用いて表した式を**化学式**という。

物質の分類　教 p.167〜169

- 1種類の元素からできている物質を**単体**という。
- 2種類以上の元素からできている物質を**化合物**という。

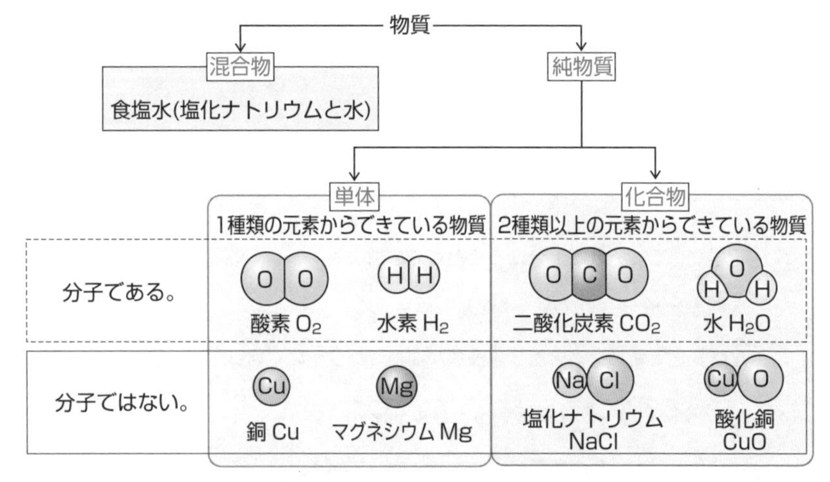

教 p.140～211

化学反応式　教 p.170～173

- 化学変化を化学式で表したものを**化学反応式**という。

〔例〕水の電気分解を化学反応式で表す。

①反応前の物質を矢印(→)の左側に，反応後の物質を矢印(→)の右側に書く。

水　→　水素　＋　酸素

②それぞれの物質を化学式で表す。

H_2O　→　H_2　＋　O_2

③矢印(→)の左右で酸素原子Oの数を等しくするために，左側の水分子H_2Oを 1 個ふやす。

H_2O　H_2O　→　H_2　＋　O_2

矢印の左右でOの数は等しくなるが，Hの数は等しくない。

④矢印(→)の左右で水素原子Hの数を等しくするために，右側の水素分子H_2を 1 個ふやす。

H_2O　H_2O　→　H_2　H_2　＋　O_2

⑤水分子H_2Oが２個は $2H_2O$，水素分子H_2が２個は $2H_2$ と表すことができる。

$2H_2O$　→　$2H_2$　＋　O_2

物質

物質同士が結びつく化学変化　教 p.175～179

- 2種類以上の物質が結びつくと，もとの物質とは性質の異(こと)なる**1種類**の物質ができる。

〔例〕鉄と硫黄(いおう)の混合物の加熱

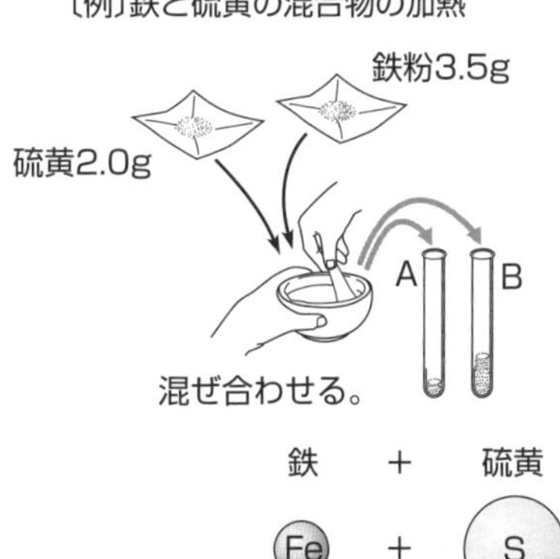

硫黄の蒸気(じょうき)が出るのを防ぐため，脱脂綿(だっしめん)でゆるく栓(せん)をする。

B

試験管ばさみで持ち，加熱の程度を調節する。

このあたりを加熱する。

鉄　＋　硫黄　→　硫化鉄(りゅうか)

Fe　＋　S　→　FeS

$Fe + S \longrightarrow FeS$

教 p.140〜211

物質が酸素と結びつく変化(酸化)　教 p.180〜183

- 物質が酸素と結びつくとき，その物質は**酸化**されたという。
- 酸素が結びついてできた物質(化合物)を**酸化物**という。
- 物質が激しく熱や光を出しながら酸素と結びつく化学変化(酸化すること)を**燃焼**という。

〔例〕銅の粉末の加熱
銅の粉末を加熱すると，銅と酸素が結びつき，酸化銅ができる。

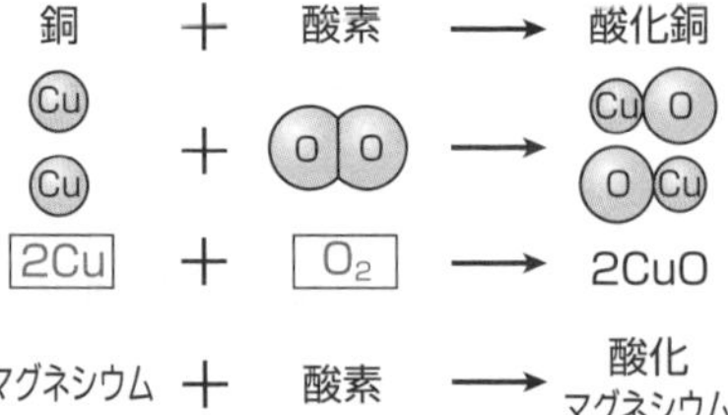

〔例〕マグネシウムの加熱
マグネシウムを加熱すると，激しく熱と光を出し(燃焼)，酸化マグネシウムができる。

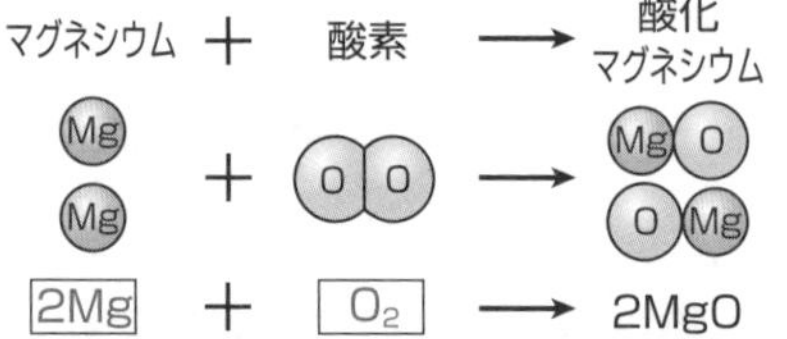

酸化物から酸素をとり除く変化(還元)　教 p.184〜187

- 物質から酸素がとり除かれたとき，その物質は**還元**されたという。

〔例〕酸化銅と炭素の混合物の加熱

- 混合物を加熱すると 赤 色の物質ができることから，銅に変化したことがわかる。
- 石灰水が白くにごることから，二酸化炭素 が発生したことがわかる。

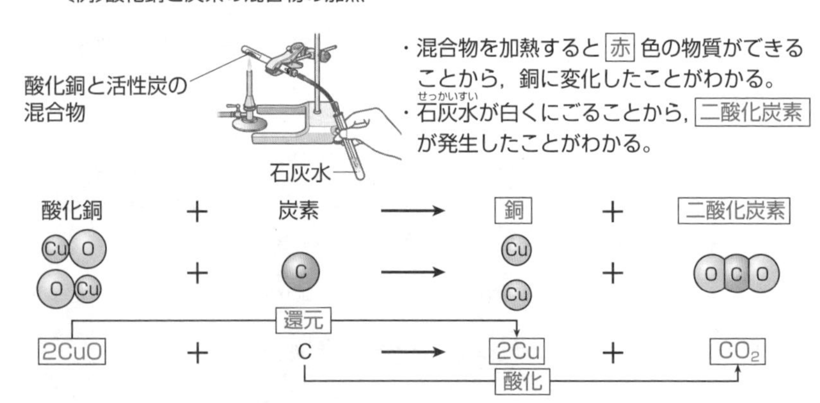

化学変化と原子・分子(5)

教 p.140～211

質量保存の法則 教 p.192～201

- 化学変化の前後で，それに関係する物質全体の質量は変わらない。これを**質量保存の法則**という。
- 化学変化の前後で，原子の組み合わせは変化するが，原子の**種類**と**数**は変化しない。

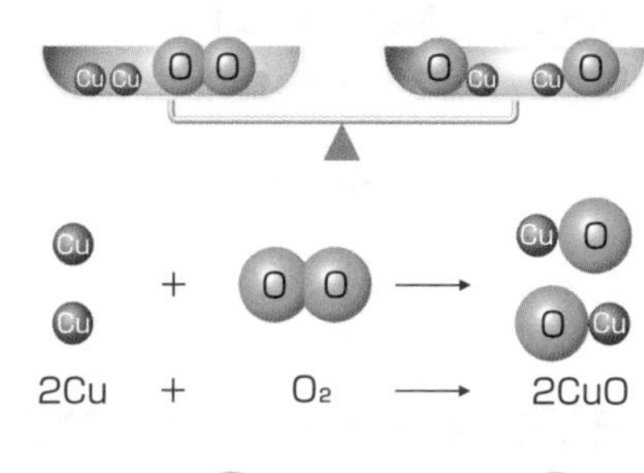

金属と結びつく酸素の質量 教 p.195～201

- 金属を加熱すると，結びついた酸素の分だけ質量は増加するが，何回も加熱をくり返すと，質量は増加しなくなることから，一定量の金属に結びつく酸素の質量には**限界**があることがわかる。
- 化学変化に関係する物質の質量の比は，つねに**一定**になっている。
- 化学変化をするとき，反応する相手の物質がなくなれば，化学変化はそれ以上進まず，**多い**ほうの物質はそのまま残る。

〔例〕銅と酸素，マグネシウムと酸素
酸化銅　反応する銅と酸素の質量の比は約４：１
酸化マグネシウム　反応するマグネシウムと酸素の質量の比は約３：２

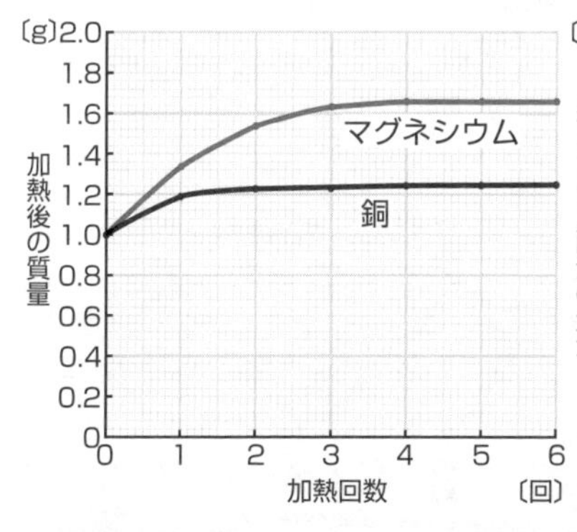

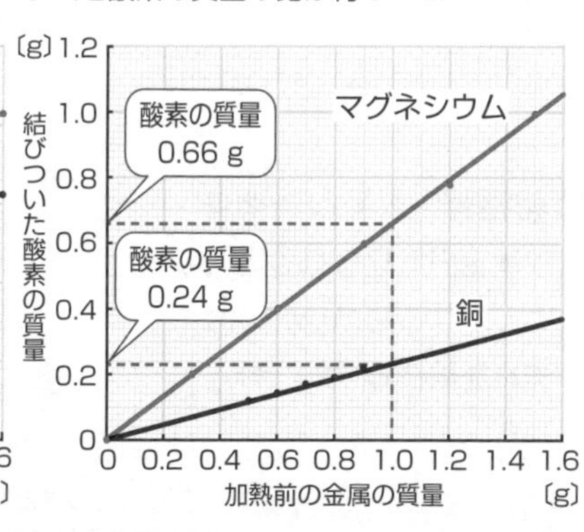

物質

電流とその利用(1)

教 p.212〜289

電気用図記号 教 p.217

• 回路のようすを表すときに用いられる図記号を**電気用図記号**という。

電源	導線の交わり	スイッチ	抵抗器	電球	電流計	電圧計
—‖— (長いほうが＋極)	接続する　接続しない			⊗	Ⓐ	Ⓥ

直列回路・並列回路の全体の抵抗 教 p.218〜239

• 直列回路では，回路の**どの点**でも電流の大きさは等しい。
それぞれの抵抗に加わる**電圧の和**は，全体(電源)の電圧に等しい。

• 並列回路では，枝分かれした電流の大きさの和は，**分かれる前**の電流の大きさや，**合流した後**の電流の大きさに等しい。
それぞれの抵抗に加わる**電圧**は同じで，それらは全体(電源)の電圧に等しい。

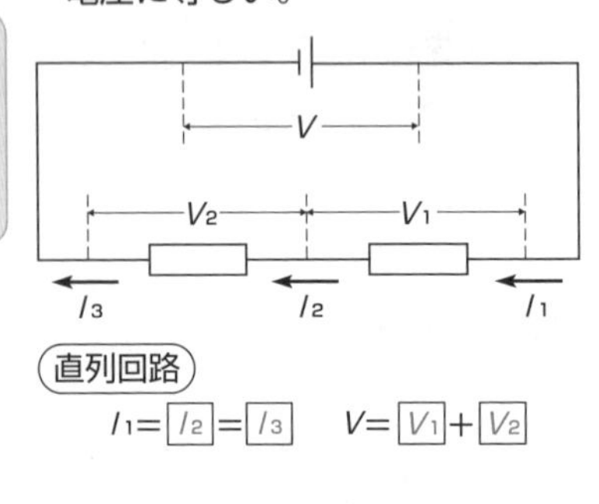

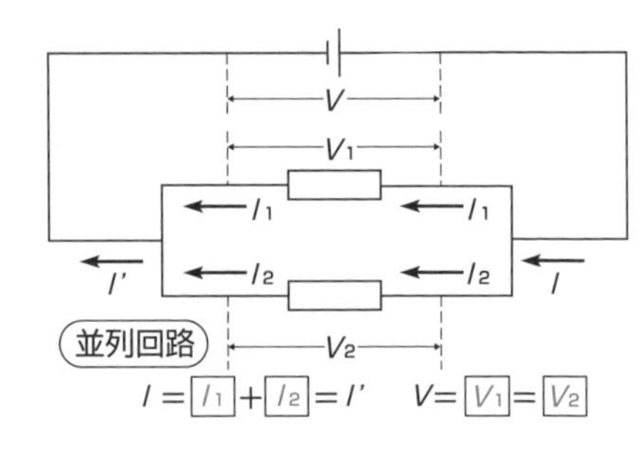

陰極線 教 p.252〜255

• 放電管内に見られる電流のもとになるもの(電子)の流れを**陰極線**(**電子線**)という。

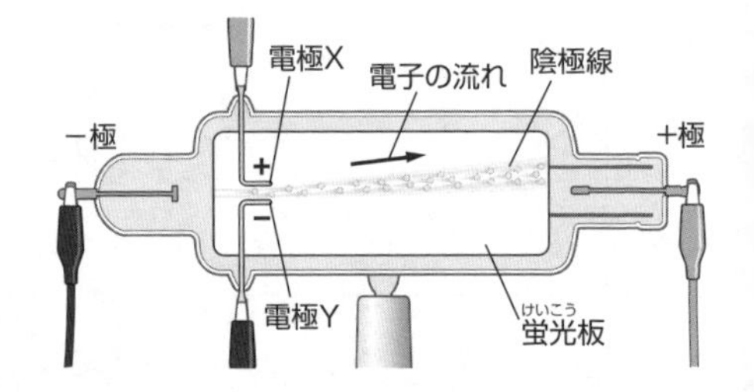

電流とその利用(2)

教 p.212〜289

磁界の性質 教 p.260〜263

- 磁力(じりょく)のはたらく空間を**磁界**という。
- 磁界(じかい)の向きや磁力の強さを表す曲線を**磁力線**という。

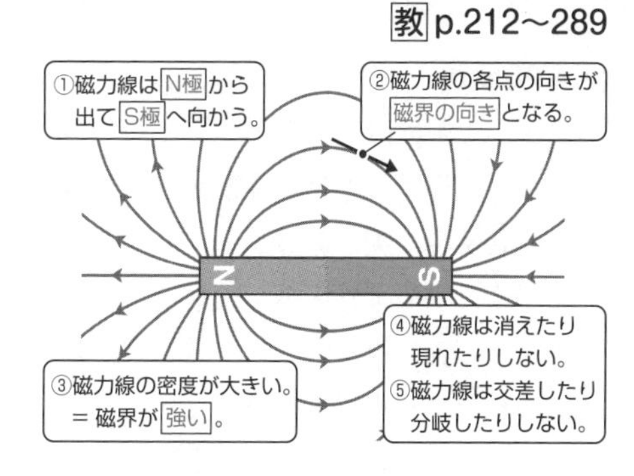

電流がつくる磁界

教 p.264〜267

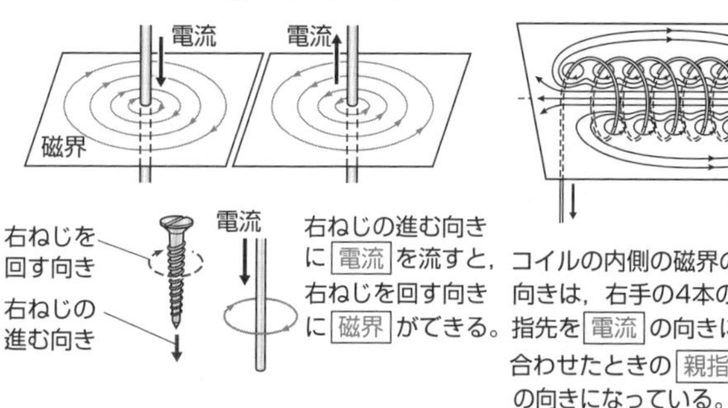

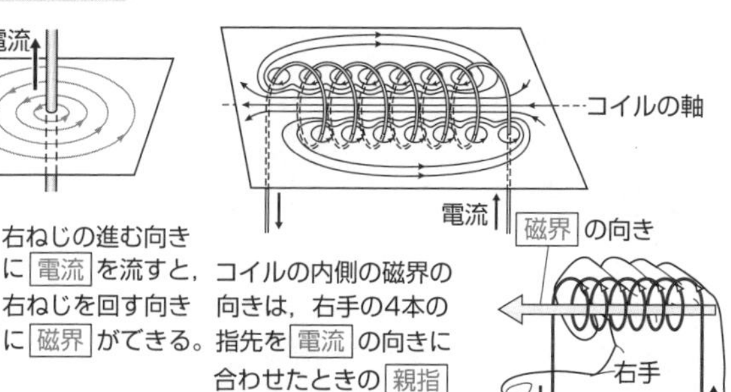

電流が磁界から受ける力 教 p.268〜271

- 電流の向きや磁界の向きを逆にすると，力の向きは**逆**になる。
- 電流を大きくしたり，磁界を強くしたりすると，力は**大きく**なる。
- 力の向きは，電流と磁界の両方の向きに**垂直**である。

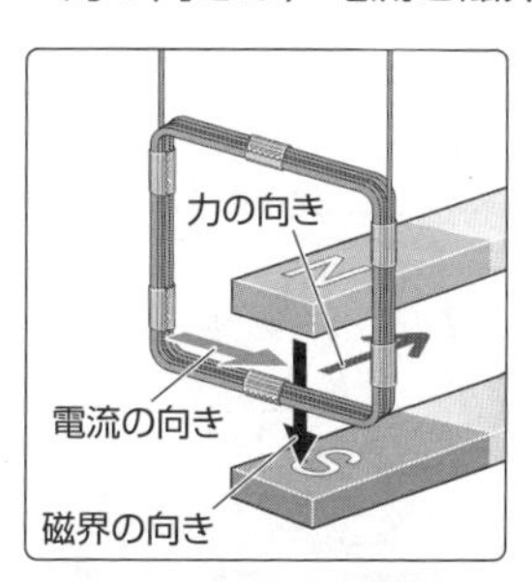

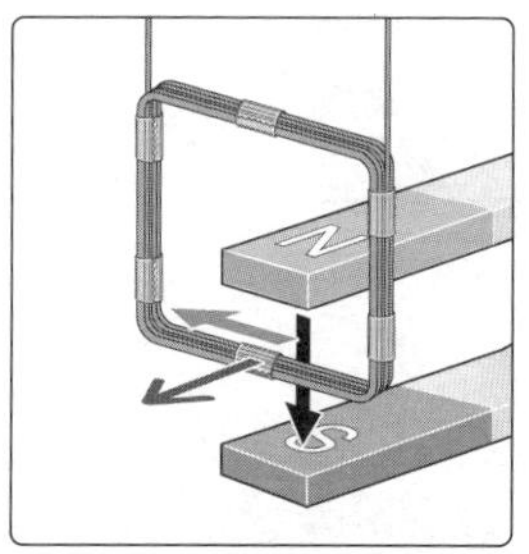

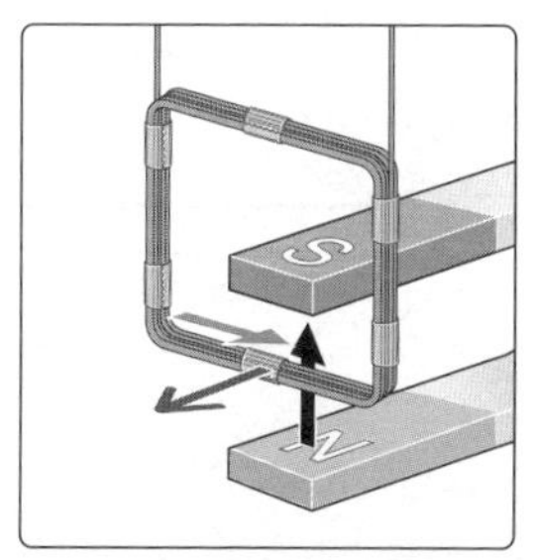

▶エネルギー 電流とその利用（3）

教 p.212〜289

電磁誘導 教 p.272〜274

- コイルの中の磁界が変化すると，その変化に応じた電圧が生じて，コイルに電流が流れる現象を**電磁誘導**といい，このときに流れる電流を**誘導電流**という。
- コイルの中の磁界を速く変化させるほど，磁界の強さが強いほど，コイルの巻数が多いほど，誘導電流は**大き**い。
- 棒磁石をコイルに近づけるときと遠ざけるときで，また棒磁石の極を逆にすると，誘導電流の向きは**逆**になる。

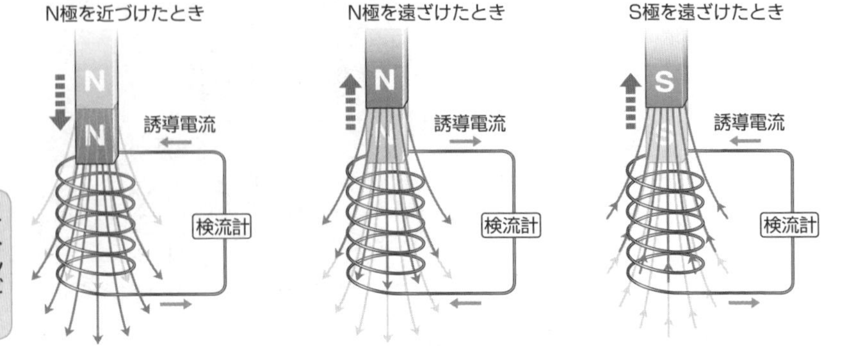

直流と交流 教 p.276〜277

- 流れる向きが一定で変わらない電流を**直流**，向きと大きさが周期的に変わる電流を**交流**という。

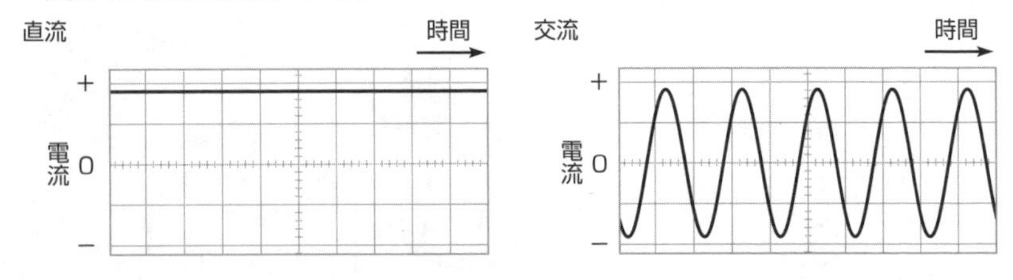

エネルギー